“十四五”婴幼儿托育服务与管理专业融媒体教材

婴幼儿家庭养育指导

主编　赵　莹

河南科学技术出版社
·郑州·

图书在版编目(CIP)数据

婴幼儿家庭养育指导 / 赵莹主编. —郑州：河南科学技术出版社，2023.3

ISBN 978-7-5725-1057-1

Ⅰ. ①婴… Ⅱ. ①赵… Ⅲ. ①婴幼儿—哺育 Ⅳ. ①TS976.31

中国国家版本馆CIP数据核字（2023）第010109号

出版发行：河南科学技术出版社

地址：郑州市郑东新区祥盛街27号　　邮编：450016

电话：（0371）65788613　　65788629

网址：www.hnstp.cn

策划编辑：李娜娜　李明辉　仝广娜

责任编辑：邓　为

责任校对：李晓颖

整体设计：张　伟

责任印制：朱　飞

印　　刷：河南省环发印务有限公司

经　　销：全国新华书店

开　　本：787 mm × 1092 mm　1/16　　印张：11.25　　字数：210千字

版　　次：2023年3月第1版　　2023年3月第1次印刷

定　　价：42.00元

“十四五”婴幼儿托育服务与管理专业融媒体教材编审委员会

《婴幼儿家庭养育指导》编委会

主　编　赵　莹

副主编　尹金鹏

编　委　尹金鹏（南阳医学高等专科学校）

安　梦（南阳科技职业学院）

杨　静（郑州卫生健康职业学院）

杨显国（南阳医学高等专科学校）

赵　莹（洛阳职业技术学院）

编写说明

2019年5月，国务院办公厅发布《关于促进3岁以下婴幼儿照护服务发展的指导意见》，首次提出婴幼儿照护的概念，明确婴幼儿照护服务发展工作由卫生健康部门牵头，发展改革、教育等17个职能部门分工协作。《中华人民共和国国民经济和社会发展第十四个五年规划和2035年远景目标纲要》也提出：加快发展健康、养老、托育等服务业，加强公益性、基础性服务业供给，扩大覆盖全生命期的各类服务供给。婴幼儿托育服务已成为当前重要且迫切需要发展的民生与民心工程。

发展婴幼儿照护服务、解决家庭生育后顾之忧，是国家人口可持续发展战略中的一项重要举措。2021年以前，没有针对托育机构服务与管理的学历教育培养专门人才，已有的短期培训机构培养的从事婴幼儿照护的工作人员也不足以支撑日益增长的婴幼儿照护服务人才的广泛社会需求。在这样的形势下，教育部2021年3月发布的职业教育专业目录中，对婴幼儿托育专业的归属做出调整，将公共服务大类中的“幼儿发展与健康管理”更名为“婴幼儿托育服务与管理”，并调整到医药卫生大类中。

高质量的照护服务离不开高质量的人才队伍建设。为了加强婴幼儿照护服务专业化、规范化建设，满足婴幼儿托育服务与管理专业的教学需求，我们根据中国妇幼保健协会婴幼儿养育照护专业委员会提出的“健康、营养、安全、回应性照护和早期学习机会”的照护目标和照护策略，以培养“能照护、能急救、能支持、能指导”的婴幼儿托育服务人才为导向，邀请相关育婴服务行业的专家做指导，组织二十余所开设婴幼儿托育服务与管理专业的职业院校的骨干教师，编写了本套教材。

本套教材具有以下特点：

1. 以最新的“课程标准”为依据——我们以国家卫健委发布的婴幼儿托育服务与管理专业的教学标准为依据设置课程体系。

2. 课证融合——本套教材内容涵盖了保育师、育婴员及“1+X”幼儿照护职业技能等级证书的要求。

3. 新形态一体化的内容体系——以情景案例导入，在正文中穿插知识链接、课程思政等元素，每章末尾设置“讨论与思考”，通过开放性问题启发思维，PPT课件、小结等有助于学生掌握知识要点，扫码做同步练习题可以即时进行学习检测。

因为是新专业、新教材，尽管我们克服重重困难，广泛征求了专家意见，深入调研了托育机构的专业需求，并多次召开会议讨论，努力进行了多方面的探索和实践，但是由于编委们进行的大多是开创性工作，教材内容可能仍存在不足之处，恳请各界同仁及使用本教材的广大师生多提宝贵意见和建议，使之逐步完善。

“十四五”婴幼儿托育服务与管理专业融媒体教材编审委员会

2022年8月

前　言

婴幼儿的家庭养育越来越受到人们的关注和重视。婴幼儿的养育不是简单的生活照料或知识传授与技能训练，而是要支持和促进婴幼儿全方面地发展。养育者的责任是为婴幼儿营造一个安全可靠、丰富适宜的教养环境。尽可能地通过多种方式与婴幼儿进行互动交流，使其身心得到健康发展，并使婴幼儿能受益一生。

婴幼儿家庭养育，不仅是高等职业学校“婴幼儿托育服务与管理”专业的一门专业核心课程，也是一门融合性学科。本教材可以作为学前教育等相关专业的课程教材，也可作为保育员、幼儿照护、家庭教育指导师培训课程的参考书目；还可作为科普读物，指导婴幼儿父母科学育儿。本书编写有以下两个特点：

1.与最新的托育政策结合，把思政教育与课程相融合：本教材以国务院办公厅《关于促进3岁以下婴幼儿照护服务发展的指导意见》为指导，根据《托育机构设置标准（试行）》和《托育机构管理规范（试行）》等文件要求组织编写，同时借鉴了国内外婴幼儿家庭养育教材编写的丰富经验与研究成果，旨在帮助学习者全面系统地掌握有关婴幼儿家庭养育的基本理论和技能，深入了解婴幼儿的生理和心理，提升运用科学理论分析和解决婴幼儿家庭养育问题的能力。

此外，本教材也力求与课程思政教育相融合。不仅关注知识传递和能力培养，而且在教材中多维度渗透思政教育，积极引导学习者热爱婴幼儿、热爱早期教育事业，深刻理解并自觉践行从事婴幼儿家庭养育工作的职业精神和职业规范，树立正确的婴幼儿家庭养育理念，具备良好的职业素养。

2.理论融合婴幼儿家庭养育实际，实践指导性强：洛阳职业技术学院作为河南省“1+X”证书制度试点实训基地，同时拥有儿科学省级数字资源库，本教材在此基础上充分贯彻实践取向的原则。其中，理论知识构建以阐述婴幼儿家庭养育基本理念和理论为主，力求通俗易懂；专业实践能力发展则与婴幼儿实际需要相对接，力求学习目标明确、指导具体，能够满足不同类型婴幼儿家庭养育实践的需要。

此外，教材中设置了“学习要点”“情景导入”“知识扩展”“讨论与思考”“实训项目”等，以指导和帮助学习者整体把握知识要点，开展研究性学习，提升理论积累和实践能力。为了方便教师教学，本教材配有教学课件（可以扫二维码观看）等相关教学资源。

本教材共有八章内容。从理论和实践两大角度出发，展开对婴幼儿家庭养育内容的阐述。

第一章概述为理论部分，重点阐述对婴幼儿家庭养育的基本认识，包含婴幼儿家庭养育的对象与主体、特点、任务与原则，以及国内外婴幼儿养育事业的发展概况等。

第二章至七章分别从身体健康、运动、认知与语言、社会性发展、艺术等不同方面介绍婴幼儿早期发展特点及其相关理论和支持策略，从而能科学地实施婴幼儿家庭养育。

第八章阐述了在特殊家庭和有特殊婴幼儿的家庭里如何进行科学的家庭养育。

在洛阳职业技术学院、南阳医学高等专科学校、南阳科技职业学校共同的研讨与合作下，本教材得以面世。本教材由赵莹担任主编，其中，第一至三章由赵莹编写、第四至五章由赵莹、尹金鹏编写，第六章由赵莹、安梦编写，第七至八章由赵莹、杨显国编写。同时，河南科学技术出版社也为本教材的出版提供了大力支持，在此一并表示衷心的感谢！

编者

2022年10月

目录

第一章 概　述

1.简述婴幼儿家庭养育研究的对象、内容，婴幼儿家庭养育服务的对象、场所。

2.理解婴幼儿家庭养育的特点。

3.识记婴幼儿养育的任务与原则。

4.领悟婴幼儿养育的目标任务，培养关爱儿童并为儿童健康事业刻苦学习与奉献的职业道德。

情景导入

小陈和小玲是一对新手父母，从备孕、怀孕再到生产，这个过程对他们来说幸福中充满了艰辛，在面对刚出生的小宝宝时，他们常常会手忙脚乱，如何科学合理地养育宝宝？怎么判断宝宝的发育情况？什么时候给宝宝添加辅食？怎样开展婴幼儿养育？

作为托育人员，我们要指导新手父母学习正确的养育观念、知识和技能，使每个婴幼儿能够身体健康、营养均衡，保护他们免受威胁，并通过互动给予情感上的支持和响应，为他们提供早期学习的机会。

第一节　婴幼儿家庭养育的对象与主体

婴幼儿家庭养育是一个由照护者创造环境，旨在确保儿童身体健康、营养均衡，保护他们免受威胁，并通过互动给予情感上的支持和响应，为他们提供早期学习的机会，是以健康、营养、安全回应性照护和早期学习机会为核心内容的养育方法。

一、婴幼儿家庭养育的对象

婴幼儿养育的第一对象是0～3岁婴幼儿。现代心理学研究证明，3岁前获得的经验对其一生的影响非常深远。如果3岁前的环境和养育处置不当，将会对个体成年后的发展造成不利影响。人类的绝大多数“敏感期”或“关键期”都是从0～3岁开始的。

家庭是婴幼儿成长的摇篮，我国3岁以下的婴幼儿90%以上都在家中进行养育，家长是更为直接的婴幼儿早期养育的实施者，家长是否接受养育和培训直接影响婴幼儿的健康发展，因此，婴幼儿养育对象还包括婴幼儿的家长，家长应通过早教指导与服务获得教养知识与经验。

二、婴幼儿家庭养育的主体

婴幼儿家长和专业托育人员都是家庭养育的主体。

（一）家长

家庭因素是婴幼儿发展过程中最为重要的影响因素。婴幼儿成为社会人的第一个社会系统就是家庭。家庭是婴幼儿非常重要的成长环境，婴幼儿能从家庭中获得身体照料、营养支持和情感依恋等。尽管近年来托育机构的数量在不断增加，但是由父母亲自照顾或由长辈、亲戚照看仍然是当前婴幼儿养育的主要方式。

父母是婴幼儿养育的第一负责人，父母有责任和义务保护孩子的身心健康发展，在婴幼儿的生长发育过程中，不断为婴幼儿提供直接的、个性化的照料。但是，养育子女需要承担艰巨责任，并不是每一对父母都做好了这样的准备。养育婴幼儿是一项不仅需要爱，还需要理性和技巧的任务。人类发展理论认为，成年人在繁殖阶段最重要的需求是养育子女。父母不仅是在支持和促进儿童的发展，他们自身也能从养育子女的过程中满足繁衍的需要，获得个体的成长。因此，父母对婴幼儿的养育应该是一个专业化的过程，他们应保持谦逊的态度，持续不断地学习和参与。照顾和促进婴幼儿发展的任务会给父母带来压力，他们需要支持和帮助。专业托育人员是专家，父母是专家意见的被动接受者和执行者，这种传统的观念已经不合时宜。以父母为主的家长和专业人员同等重要，共同承担着婴幼儿社会性发展的任务。婴幼儿年龄越小，养育越要通过与家庭的联系来开展。家长只有对自己的养育能力以及作为社会成员的角色感到自信和有掌控能力时，他们的子女才会有所受益。因此，婴幼儿家长应该受到尊重，社会应赋权、赋能于家长，运用各种方式帮助家长获得养育子女的信心和能力。

（二）专业托育人员

在我国，很难用一个被普遍认可的分类或名称来界定从事婴幼儿托育工作的专业人

员。在我国颁布的法律法规中尚无关于3岁前婴幼儿保教专业人员的明确资质要求与标准，只有极少数地方政策中提到要“加强师资培训”，但无具体的措施，以致各类机构无章可循，从业人员队伍良莠不齐。并不是所有从事婴幼儿托育工作的人都可以被称为专业人员。专业人员应该拥有职业精神，以及将理论知识运用于实践工作的方式方法和能力水平。因此，从事婴幼儿托育工作的专业人员，不仅要具备与婴幼儿发展与养育相关的先进知识，还要有运用这些知识做出科学养育判断和决定的能力。专业人员主要是在托育机构（如幼儿园托班、亲子园、育儿园、早教机构、社区婴幼儿发展服务中心等）及家庭中为婴幼儿创设适宜的环境以促进其全面健康发展，不仅注重教与养的结合，而且还包括为家长提供专业且有利于学习的育儿方法指导。

第二节　婴幼儿家庭养育的特点

婴幼儿年龄阶段的特殊性，决定了这个阶段的养育有别于其他年龄段。此阶段养育的特点主要体现在以下四个方面。

一、家庭养育对象具有特殊性

家庭是婴幼儿成长的摇篮，家长是更为直接的婴幼儿早期养育的实施者，家长是否接受养育指导和培训直接影响婴幼儿的成长。

二、家庭养育主体具有广泛性

这里的家庭养育主体指谁来负责具体的养育与养育工作问题。家长和早期养育教师都是婴幼儿养育与养育活动的主体。

三、家庭养育内容和方法具有独特性

从家庭养育内容上看，婴幼儿家庭养育包括针对婴幼儿生理（如早期营养与喂养、卫生与保健）和心理（如语言、动作、认知和社会性等方面的养育）两方面的系统教养活动。以养育为主、教育为辅。从养育方法上看，0～3岁婴幼儿的养育必须针对这一年龄阶段婴幼儿的身心发展规律，关注个体差异，以个别养育为主实施，因材施教。

四、事业主体具有多元性

婴幼儿养育的具体实施和管理工作由多个主体负责，包括养育、卫生、计生、社区、家庭等，这些部门各有分工，各负其责。因此，婴幼儿养育具有跨部门、跨行业、跨学科的特点。

第三节　婴幼儿家庭养育的任务与原则

家庭养育是现代国民养育体系的重要组成部分，是学校养育和终身养育的奠基阶段。0~3岁婴幼儿家庭养育是学前养育的重要环节，是整个养育的起点和开端。重视婴幼儿的家庭养育，对促进婴幼儿的后续学习和终身发展，提高国民整体素质具有十分重要的意义。

一、婴幼儿家庭养育的任务

（一）婴幼儿家庭养育的个体任务

婴幼儿家庭养育的个体任务主要体现在以下四个方面。

（1）利用关键期所带来的养育契机，为个体终身发展奠定基础。婴幼儿时期是人类许多方面发展的关键期，在这一时期进行科学的养育，可以充分发掘人的潜能，从而对其一生的成长与发展产生较大的作用。相反，如果剥夺婴幼儿时期的正常接受养育的权利，在其成长关键期放弃养育，任其发展，他们就会丧失学习的最佳时机，日后想要学习关键期内的某项事物，不仅要付出更大的心力和时间，而且难以取得令人满意的成效，有时造成的损失将是终身都无法弥补的。

（2）对早期处境不利的儿童提供补偿，使他们实现正常发展。处境不利的儿童主要指弱势群体的儿童，如处于贫困家庭、单亲家庭、残疾家庭、犯罪家长的家庭、有虐待倾向的家庭，以及收养的儿童、早期问题儿童等。如果处境不利的儿童早期不能受到良好的养育，将在人生最初的关键几年毫无例外地“输在起跑线上”，从而为其人生的后续阶段发展的不利埋下恶性循环的伏笔。对早期处境不利的儿童提供养育补偿，必然会促进他们实现正常发展。英国的“Sure Start”计划、美国的“Early Head Start”计划，均是面向处境不利儿童的早期补偿养育计划。

（3）及时干预有先天生理缺陷、心理障碍或行为问题的儿童，防止早期问题持续恶化。由于大脑的可塑性和儿童发展关键期的存在，在儿童出生后的头几年，其身体器官、骨骼、神经系统等都处于迅速发育阶段，可塑性极大，只要适时地抓住这个关键阶段，尽早进行科学的喂养、训练和养育，实施“早期干预”，针对其进行一系列救助措施，就会更容易将问题消除在萌芽状态，防止早期问题持续恶化，并产生较好的弥补效果，甚至使问题得以完全改善，从而为儿童的后续发展奠定良好的基础。

（4）提高家庭养育的质量，改善婴幼儿成长的家庭环境。与其他任何时段和任何类型的养育相比，婴幼儿的养育与家长的联系是最密切的，因为家长本身就是婴幼儿早期养育的养育对象之一。家长通过参与婴幼儿早期养育活动，能学到如何在家庭中养育孩子，改善婴幼儿成长的家庭环境，从而提高家庭养育的质量，促进孩子的发展。

（二）婴幼儿家庭养育的社会任务

婴幼儿家庭养育的社会任务主要体现在以下几方面。

1. 从源头上提高人口素质，为社会发展奠定人才基础　婴幼儿早期养育的实施，将提高人口素质的工作提前到生命的最初阶段，这样就必然能为后续各阶段的养育工作打好基础，为社会发展奠定人才基础，从而提高社会发展的效率。

2. 对早期处境不良的儿童进行养育补偿，有利于促进社会公平　美国进行了一项长达20多年的关于早期养育的社会效益的研究。研究表明，良好的家庭养育有利于打破处于不良处境中儿童贫困愚昧的恶性循环，对他们成年以后的个人发展和就业都有着积极的意义。早期家庭养育具有低投入、高产出的社会效益。改革开放以来，我国因贫富分化加剧所造成的社会不公平的问题日益突出。特别是近几年，党中央已经明确指出因贫富分化所造成的社会不公平现象，已经不仅仅是简单的经济问题，而是政治问题，关系到社会稳定的大局。从长远来看，如果政府大力投入早期家庭养育事业，尤其是对早期处境不良的儿童进行养育补偿，将有利于从根源上解决这个问题。

3. 强化社区的社会服务功能，促进社会的良性发展　近年来，随着我国市场经济的飞速发展，人们的生活节奏越来越快，客观上造成了社区内人与人之间的联系越来越少。原本社区应当具备的一些特点，如居民之间共同的意识和利益，以及较为密切的社会交往等，都表现得越来越不明显。婴幼儿养育的出现，恰好有利于解决这些问题。由于婴幼儿家庭养育主要依托社区进行，因此，把不同的家庭集中到社区早期养育中心，通过围绕早期养育问题进行共同学习、互相探讨，能促进社区成员之间的深入交往和交流，从而强化社区的社会服务功能，促进社会的良性发展。

二、婴幼儿家庭养育的原则

1. 关爱儿童，满足需求原则 重视婴幼儿的情感关怀。强调以亲为先、以情为主，关爱儿童、赋予亲情，满足婴幼儿成长的需求。创设良好的环境，在宽松的氛围中，让婴幼儿开心、开口、开窍。尊重婴幼儿的意愿，使他们积极主动、健康愉快地发展。

2. 以养为主，养教结合原则 强调婴幼儿的身心健康是发展的基础。在开展养教工作时，应把儿童的健康、安全及养育工作放在首位。坚持养育与教育紧密结合的原则，养育中重视教育，教育中重视养育，自然渗透，养教合一，才能促进婴幼儿生理与心理的和谐发展。

3. 关心发育，顺应发展原则 强调全面关心、关注、关怀婴幼儿的成长过程。在教养实践中，要把握成熟阶段和发展过程，关注多元智能和发展差异，关注经验获得的机会和发展潜能。学会尊重婴幼儿身心发展规律，顺应儿童的天性，让他们能在丰富和适宜的环境中自然发展、和谐发展、充实发展。

4. 因人而异，开启潜能原则 重视婴幼儿在发育与健康、感知与运动、认知与语言、情感与社会性等方面的发展差异，提倡更多地实施个别化的养育，使保教工作以自然差异为基础。同时，要充分认识到人生许多良好品质和智慧的获得均在生命的早期，必须密切关注，把握机会。要提供适宜刺激、诱发多种经验，充分利用日常生活与游戏中的学习情景，开启潜能，推进发展。

第四节　婴幼儿养育事业的发展

联合国大会在2001年9月召开的儿童特别会议上形成了三点共识：每个儿童都应该有一个最佳人生开端；每个儿童都应接受良好的基础养育；每个儿童都应有机会充分挖掘自身潜能，成为一名有益于社会的人。

一、我国婴幼儿养育事业发展

我国婴幼儿养育事业建立于新中国成立之前，其发展经历了创建、融合、规范、挑战、重构五个阶段。

（一）创建阶段

在初步建立阶段，中国共产党建立的农村革命根据地、抗日根据地、解放区，随着妇女解放并投身到革命战争和生产第一线，党采取了很多建立婴幼儿托育机构的措施。

抗日战争期间，因为中国人民遭受巨大劫难，很多儿童丧失亲人、流离失所。当时中国共产党联合各民主党派和各界知名人士，在武汉成立儿童保育会，救济教养战时难童。全国托育机构的建立进入兴盛期，先后建立 53所战时儿童保育院，收容养育了3万多名难童。

解放战争爆发后，其他解放区也相继成立各种婴幼儿托育机构，各地的托育机构数量不断增加，规模不断扩大。解放战争期间的婴幼儿托育机构形式灵活多变，主要有寄宿制的保育院和托儿所、日间托儿所、母亲变工托儿所、哺乳室、私人设立的托儿所。

总之，战争期间因为战争的影响，我国因地制宜建立了形式多样化的托育机构，救助了战时难童，一定程度上还承担了家庭养育的责任，使妇女能够安心工作、生产和学习，保护和培育了儿童，解决了部分革命家属的育儿困难，支援了抗战，满足了当时战争和生产的需要。同时也为中华人民共和国成立之后的托育制度和机构的建立奠定了基础。

（二）融合阶段

中华人民共和国成立后，为了解放生产力，鼓励妇女走出家庭，参加社会生产，学前养育进入初创时期。国家、政府、养育行政部门借鉴苏联的经验，归纳总结了解放区的政策法规，实施了具有苏联特色的发展婴幼儿托育服务的各项举措。

除此之外，在20世纪50 年代中期，街道托幼机构发展为婴幼儿照料社会化的一种重要方式，在特定的历史时期，缓解了劳动妇女参加社会劳动与家务劳动之间的冲突，一定程度上满足了当时人们对婴幼儿照料社会化的迫切需要。幼儿园、托儿所的年龄划分和领导机制得到明确。1956年国家规定了托儿所和幼儿园的年龄划分标准，即托儿所招收3周岁以下儿童，幼儿园招收3 ~ 6周岁的儿童。同时，还明确了养育部、卫生部在管理和养育等业务上对托儿所、幼儿园的分管机制。

总体来看，在这个阶段，虽然托儿所和幼儿园开始归属不同的管理单位，婴幼儿养育开始脱离幼儿园工作轨道发展，但是它们的养育政策基本还是混杂在一起的，有关婴幼儿养育的条文还只是附属于整个学前养育的政策当中。有些政策文本内容所占比例很小，且内容较为抽象，属于理论层面的政策；统计数据中看不出关于托儿所的具体规范和发展规模；其工作也在整个政府部门的工作中处于较为边缘的位置。

（三）规范阶段

1980年卫生部规定：托儿所是3岁前儿童的集体托育机构。1981年卫生部妇幼局提出了托儿所教养工作的具体任务和教养原则，这是新中国成立后首次明确规范0 ~ 3岁儿童的集体养育工作。1985年颁布了《托儿所、幼儿园卫生保健制度》。

（四）挑战阶段

20世纪90年代末，国有企业改革使托幼服务体系开始遭到巨大冲击。但是随着我国养育改革的不断深入，人民生活水平的改善及终身养育理念的提出，0～3岁婴幼儿早期潜能开发和早期教养研究开始引起关注。北京、武汉、天津、广州、江苏等地先后开展了相关研究。如武汉的0岁方案、北京的“中国婴幼儿潜能开发——2049计划”、天津的3岁前婴幼儿教养研究、广州的百婴潜能开发计划、江苏的开发儿童潜能研究等，但大都停留在非政府组织层面。

（五）重构阶段

2015年，党的十八届五中全会做出“全面两孩政策”的决定，这是适应社会新发展需要，缓解我国人口老龄化和少子化趋势、优化人口结构、促进全面建成小康社会的重大举措。但新的人口政策必然会带来新一轮的人口变化与生育高峰，从而直接或间接导致3岁以下婴幼儿养育相关问题的出现。2017年，党的十九大首次将“幼有所育”作为保障和改善民生工作的重要内容之一。

2019年到2020年，因为婴幼儿照护服务的政策法规体系和标准规范体系初步建立，婴幼儿照护水平有所提高，初步满足了人民群众的婴幼儿照护服务需求。

二、国外婴幼儿养育事业发展

从20世纪60年代开始，美国早期养育经历了一段快速发展的时期，一系列针对婴幼儿的发展计划和项目开始实施并取得成效。“启智项目”开始于1965年，为婴幼儿营养及婴幼儿家庭以外的早期养育提供建议和支持。美国的“早期开端养育计划（Early Head Start）”的主要内容是促进婴幼儿的身体、社会性、情感及智力的发展；支持父母双方发挥他们养育婴幼儿的作用；帮助父母迈向经济上的独立。1981年密苏里州教育部创办的“父母作为老师”（PAT）的项目最为著名。该项目的工作人员的任务是每月对会员家庭进行一小时的家访。

英国从1997年启动“良好开端”（Sure Start），是政府五年发展计划中“优先发展”的政策之一，是一项以早期保教为切入点的、综合性社区婴幼儿早期发展和养育的服务计划，旨在为生活在条件不利区域的未来父母以及拥有3岁以下婴幼儿的家庭提供更多、更好的服务。

英国国家早期养育纲要（the Early Year Foundation Stage，EYFS）是以“给父母最好的选择、给婴幼儿最好的开端”为宗旨提出的一个养育方案。EYFS的目标是：给所有0～5岁的婴幼儿提供一个连续的发展与学习体系，使他们在生活中获得更多、更好的发展机会，让每个婴幼儿都能在将来成为身心健康，拥有安全感、成功和快乐的人。

德国政府对0～3岁婴幼儿采取以家庭养育为主的政策。政府在社区成立了许多“儿童之屋”，面向1～12岁的儿童，担负托儿、幼教等任务。同时政府规定：0～3岁婴幼儿的父亲或母亲可以向所属工作单位申请长达3年的养育假，留职停薪，由政府按月发放养育津贴。

综上所述，我们可以看到婴幼儿早期家庭养育引起了世界许多国家政府和社会各方面的高度重视，由他国托育体系经验可知，我国托育事业的发展，不仅要应对社会急需解决的问题，还要整体考虑我国的具体情况，预测未来我国婴幼儿托育需求，因为婴幼儿早期家庭养育已经成为提高人类文明水平，促进社会进步的重要内容，是人才培养的奠基工程。

讨论与思考

1.简述婴幼儿家庭养育的特点。

2.解释婴幼儿家庭养育的任务与原则。

扫码看本章PPT

（赵　莹）

第二章 婴幼儿家庭健康养育与指导

1.识记婴幼儿喂养的要点。

2.识记婴幼儿保健护理的方法。

3.能够运用所学知识指导家长开展婴幼儿家庭健康养育。

4.充分认识婴幼儿的营养需求，以及营养素缺乏对婴幼儿的影响。

情景导入

一位满脸焦急的妈妈抱着5个多月的女儿小爱来到儿保门诊咨询，她告诉医生，一个多月以来小爱入睡总是很困难，睡着后出汗很多，有时候枕头都湿了，而且时常惊醒，醒来就哭闹不止。家人想着孩子是不是得了什么病，就带小爱来医院检查，经过检查发现小爱的牙齿排列参差不齐，颅后头发稀疏（枕秃圈）。医生告诉妈妈小爱属于维生素D缺乏性佝偻病，也就是平时说的缺钙。妈妈觉得很不能理解，为了孩子健康，专门给孩子喂很好的奶粉，为了孩子能多喝奶，平时也没有添加辅食，就是喂的各种骨头汤。

请思考：我们怎样对小爱妈妈进行膳食指导和分析？

第一节 0～6个月婴儿的家庭健康养育与指导

大脑形成早期是其发育最快的时期，从出生到2岁的营养不良所致的某些神经系统损伤较难修复。0～6个月婴儿正处于生长发育迅速和新陈代谢旺盛的阶段，充足的营养供给是婴儿生长发育的基本保障。此时尤其要重视母乳喂养，按需哺乳，以确保婴儿成长所需的充足奶量和水。还需注意参照月龄逐步添加生长发育所需的营养补充剂以及辅食。

一、0～6个月婴儿喂养及家庭喂养指导

根据婴儿食物的来源，喂养婴儿可分为纯母乳喂养（通过母乳提供给婴儿全部液体、能量和营养素）、混合喂养（由母乳和其他来源食物提供能量和营养素）和人工喂养（完全由母乳以外的其他来源食物提供能量和营养素）三种方式。根据0～6个月婴儿的营养需求，纯母乳喂养是最为理想的喂养方式。

（一）纯母乳喂养

0～6个月婴儿生长发育处于高速阶段，母乳是这个时期的最佳食物来源，母乳不仅含0～6个月婴儿所需的全部营养物质，且母乳喂养对婴儿及母亲均具有近期及远期的健康效应。世界卫生组织（WHO）推荐，6个月以内婴儿应纯母乳喂养，6个月以后在合理添加辅食的基础上继续母乳喂养婴儿至2 岁。母乳喂养时推荐坐着哺乳，乳母疲倦时也可躺着哺乳（图2–1）。两侧乳房轮流吸吮，吸尽一侧再吸另一侧，如果一侧乳房的乳汁已满足婴儿需求，应将另一侧乳汁吸出。哺乳完成后将婴儿竖直抱起，头靠在母亲肩上并轻拍背部，以防止溢奶。母乳喂养的母亲应保证足够的营养、充足的睡眠及良好的心情，并鼓励乳母按需哺乳，即无论何时何地，只要婴儿需要就进行喂哺，不严格设定哺乳间隔时间。母亲哺乳前应净手，并用温水擦洗乳头。前几滴乳汁可挤掉，然后再喂养婴儿。母亲应注意个人卫生，勤洗澡和勤换内衣，保持乳房清洁。患活动性肺结核、甲亢、严重的心肾疾病、糖尿病、癌症等的乳母不宜哺乳。患急性传染病、乳腺炎的乳母可暂停哺乳，疾病恢复后在医师的指导下可继续哺乳。感冒的乳母哺乳时应戴口罩。

图2–1　母乳喂养的三种姿势

（二）尽早开奶

分娩后7天内的乳汁称为初乳，含有丰富的营养物质和免疫物质，具有很高的营养价值，因此应鼓励产妇尽早开奶。WHO推荐，产妇应在半小时内开奶。婴儿的第一口理想食

物是母乳，开奶前应尽量避免糖水和奶粉。早开奶不仅可以让婴儿尽快地吸吮到母乳，降低婴儿病理性黄疸、生理性体重下降和低血糖的发生率，还可以尽早建立泌乳反射，刺激母亲泌乳，降低婴儿过敏的风险。

（三）尽早户外活动或补充维生素D

人乳中维生素D含量很少，因此，应尽早将婴儿抱到户外活动以利于皮肤维生素D的合成。日照不足的地区或户外活动不便的婴儿可适当补充维生素D制剂。足月母乳喂养者，可于生产后1～2周开始每日口服维生素D 400～800IU。人工喂养者应首选0～6月龄婴儿配方奶。早产儿、双胞胎婴儿及其他维生素D缺乏高危患儿应在专业人员指导下补充维生素D。

（四）适当补充维生素K

人乳中维生素K含量很低，为了预防婴儿因维生素K缺乏引起相关出血性疾病，应在专业人员指导下及时补充维生素K。

（五）非纯母乳喂养时，应选用婴儿配方食品

由于各种原因不能纯母乳喂养婴儿时，不宜直接用普通液态奶、成人奶粉、蛋白粉、豆奶粉等，建议首选0～6月龄婴儿配方奶。婴儿配方奶摄入量可根据婴儿的体重、能量需要（每日80～95千卡/千克体重，1千卡=4.184千焦）进行估计。如果婴幼儿在喂奶（一般指配方奶）后时常出现腹胀、腹泻、腹痛等症状，可能是乳糖不耐受，是乳糖酶缺乏导致的。

二、0～6个月婴儿家庭保健护理与常见疾病防治

（一）0～6个月婴儿家庭保健护理

1. 新生儿家庭保健护理　新生儿是指从出生后到满28天的婴儿。新生儿各项组织器官的生理功能很不完善，抵抗力弱，适应能力差，家庭保健护理主要从以下三方面着手：保暖、预防感染及新生儿特殊生理状态护理。

（1）保暖：新生儿体温调节功能不够完善，他们的体温会随着环境的变化而变化，因此，新生儿的保暖尤为重要。冬天须防止受冷，夏天要注意通风（避免直流风），防止受热，另外要注意供给足量的水分，保持一定湿度。最好每日给新生儿量体温2～3次，每次宜在固定时间段测量，如起床后、洗澡后或傍晚。正常体温一般在36～37℃，体温低于36.2℃时应适当保暖，高于37.2℃时应适当散热。

（2）预防感染：

1）脐带护理：脐带脱落之前，应保持干燥，检查有无渗血。如脐带根部有渗出物，可用75%酒精消毒。如红肿流脓，应到医院检查治疗。

2）皮肤护理：夏天应天天洗澡，冬天每周洗1～2次，水温一般在38℃左右。洗澡时应用双手堵住宝宝外耳道口，不要让水进入耳道，以免引起中耳炎。

3）口腔护理：有如下情况要注意护理，①牙龈上有大小不等的黄白色小点/颗粒，俗称“马牙子”，可自行消失，切忌刺破，易造成感染；②两侧颊部各有一脂肪垫隆起，俗称“螳螂嘴”，勿挑割，以免导致感染，引起败血症。

4）头部护理：新生儿头部表面有一层油脂，是皮肤和上皮细胞的分泌物所形成的黄白色物质，称为“胎垢”。可用消毒后的植物油擦拭局部，或用药膏涂抹在宝宝头皮上，再将浸湿的纱布敷在头上。切记不可以用梳子使劲梳。

5）环境卫生：新生儿的房间需保持清洁卫生，不可紧闭门窗，以防细菌、病毒生存繁殖。尽量减少亲友频繁探视、亲近新生儿，感冒患者应避免接触新生儿。产妇感冒时应戴口罩喂奶，每次喂奶前产妇应洗手、清洗乳头，奶具用后消毒。

（3）新生儿特殊生理状态护理：

1）生理性黄疸：生后2～3天出现，4～6天达高峰，1～2周内消退。生理性黄疸一般会随着时间而逐渐消退，但出现过早或超过2周仍然不消退，应到医院诊治。

2）生理性阴道出血、乳腺肿大：受母体内雌激素水平的影响，部分女婴于生后 5～7天阴道有少量出血，1～2天自止。部分男、女婴生后3～5天乳腺肿大如黄豆至鸽蛋大小，于2～3周后消退，切忌挤压乳房，以防继发感染。

3）新生儿脱水热：新生儿经皮肤蒸发损失水分，如果进食乳水不足，容易发生脱水热，一要保暖适度，不可过分，以免新生儿出汗多，水分丢失多；二要按需哺乳，两次喂奶之间可加喂20~30毫升温开水，保证每日尿量在6次以上。

4）生理性体重下降：出生后最初一周因排出胎粪和小便，水分蒸发、补充不足而致。出生后2～5日体重较出生时会有所减轻，10日内应恢复至出生时体重。体重下降一般不应超过出生时体重的9%。

2.0～6个月婴儿家庭保健护理 婴儿在这一年龄段身体发育还不完善，容易受外界环境的影响，护理不当会影响婴儿的正常发育。婴儿日常护理包括：婴儿抚触、皮肤护理、臀部护理、口腔护理、头部护理、脸部护理等。

（1）婴儿抚触：婴儿抚触指通过抚触者双手对被抚触者的皮肤和部位进行有次序、有手法技巧的抚摸。婴儿抚触可促进婴儿的健康发展、体重增长及免疫能力的提高。抚触宜在新生儿精神好的时候进行，如沐浴之后、两餐之间。每次持续时间先从5分钟开始，再逐渐延长到15～20分钟，每日1～2次。家长应保持愉快的心情和关爱的笑容，剪短指甲、去掉死皮，取下戒指等饰品。有条件的话还可准备中速、轻柔而有节奏的音乐。

（2）皮肤护理：

1）皮肤特征：婴儿皮肤娇嫩，抗损伤及抗病能力差，较易被细菌感染；皮肤脂质少，抗干燥能力差。皮肤色素层薄，对外界温度变化敏感。

2）护肤要点：

A.清洁：清晨起床后，可用柔软的毛巾或纱布浸湿温水后擦脸（图2–2），特别注意五官部位的清洁；进食后，要对嘴边进行彻底清洁。不宜用粗糙的毛巾给婴儿擦脸，更不要用碱性较强的香皂给婴儿清洁。临睡前用婴儿专用的柔湿巾擦拭小屁股。

图2–2　温水擦脸

B.保湿：除让婴儿多喝水外，每天都要用湿热的毛巾轻轻敷在婴儿嘴唇上，使嘴唇充分吸收水分，然后涂抹婴儿润唇油。脸部清洁完毕后，应及时涂抹婴儿润肤霜/露；洗澡后应及时将婴儿全身擦干，然后轻轻涂润肤霜。

C.防晒：夏季外出应避免过度暴露在阳光下，尤其是强烈的阳光下。必须外出时，暴露的皮肤可用高品质的婴儿防晒品，做好遮阳防护措施。

3）护肤禁忌：

A.忌偏食。部分营养素的摄入充足与否对皮肤的健康有重要影响，挑食、偏食的婴儿容易导致营养素摄入不足，进而引起皮肤病，因此应注意饮食均衡。

B.忌洗澡水温过热。婴儿洗澡时的水温不宜过高，应调试至37～40℃，一般是先放冷水，再放热水，以便温度的调试。

C.忌衣着不当。婴儿的衣着应适当的宽松、透气，如果衣服、鞋子过紧既会限制婴儿的活动，又不利于血液循环。

（3）臀部护理：婴儿的屁股天生娇嫩，角质层薄，防御功能又比成人低，因此要保持婴儿臀部清洁。家长要选择质地柔软的尿布，并勤换尿布，选用纯正温和、不含碱性及酒精成分的护肤产品，并采取有效方式清洗婴儿臀部，具体步骤如下：

扶起婴儿，将他的下半身浸入水盆中，家长先在自己手上，将婴儿香皂打出泡沫，一手托住婴儿，一手用打好的肥皂泡沫清洗其肛门、腹股沟和皮肤皱褶处，取一块干净的毛

巾，用温水浸湿，清洗婴儿臀部，再取一块干净的毛巾，将婴儿的臀部、腹股沟及皮肤皱褶处擦干，在婴儿臀部涂上一层薄薄的婴儿油。

（4）口腔护理：无论母乳喂养或人工喂养，家长都要及时清洗婴儿口腔，不用橡皮奶头顶宝宝的口腔黏膜，把握好奶粉温度，严格保持奶头、奶具的卫生。在护理口腔时，家长事前要做好消毒，然后用棉签蘸温开水或淡盐水，依次擦洗婴儿口腔内的两颊部、齿龈外、齿龈内及舌部，擦洗完后需再擦干。

（5）头部和脸部护理：婴儿每周洗头一到两次比较适宜。家长可选择仰躺或坐的方式轻柔地给婴儿洗头，宜采用质地温和的洗发用品，防止耳朵进水。洗发时还可放婴幼儿喜欢的音乐，以分散注意力，使其更加高兴地配合。此外，眼睛是容易感染细菌的地方，在清洁脸部时，可以先进行眼睛的清洁，一天清洁一次即可。可用浸泡过温水并拧干的纱布缠在食指上，从眼尾往眼头方向擦拭。同时，婴儿的耳朵和鼻子也需要定期清洁，可将浸过温水并拧干的纱布或棉签轻轻放入耳朵与鼻腔中，慢慢旋转进行清洁，注意不能插入过深，最好先用单手压住头部以免婴儿乱动，再开始进行清洁的动作。

（二）0～6个月婴儿常见疾病防治

1.维生素D缺乏性佝偻病　小儿维生素D缺乏性佝偻病就是人们常说的“软骨病”，是婴幼儿常见的一种慢性营养缺乏性疾病，是由于缺少维生素D导致的全身钙、磷代谢失常。佝偻病初期以精神神经症状为主，包括低钙惊厥、睡眠不好、精神萎靡、哭闹不止、易出汗等现象，出汗后因头皮痒而在枕头上摇头摩擦，出现枕部秃发。严重患儿除初期症状外，还会出现骨骼改变和运动机能发育迟缓。骨骼改变表现为肋串珠（两侧肋骨与肋软骨交界处膨大如珠子）、“鸡胸”或“漏斗胸”、“O”形或“X”形腿；运动机能发育迟缓主要表现为学步晚，两腿无力、容易跌跤。另外，婴幼儿还可出现牙齿萌出较迟，牙齿不整齐，易发生龋齿等。

佝偻病的预防应从孕妇妊娠后期（7～9个月）开始，新生儿应提倡母乳喂养，尽早开始晒太阳，可于生产后1～2周开始，每天确保摄入维生素D 400IU，人工喂养者可选用强化维生素D的婴儿配方奶粉（每100毫升平均含维生素D 600IU）喂哺。尽量保证每日户外活动一小时以上。佝偻病的治疗应贯彻“关键在早，重点在小，综合治疗”的原则。治疗目的在于控制活动期，防止畸形和复发。充分利用日光紫外线和选用维生素丰富的食品，但最主要的治疗措施还是使用维生素D制剂。

2.中耳炎　中耳炎属婴幼儿的常见病，发病率很高。多是咽鼓管（连通中耳腔和鼻腔后壁）功能不良或阻塞引起的继发性细菌感染造成的。如治疗不及时，可引起听力障碍，甚至造成语言发展迟缓和学习能力差。

婴儿预防中耳炎的方法是母乳喂养，因为母乳中的抗体能抵抗细菌和病毒的感染；喂奶时应采取坐位或倾斜体位；保持环境卫生，创造无烟环境。发生中耳炎时，应及时就医，在医师的指导下用药和进行其他辅助治疗。

3.鹅口疮 鹅口疮是由于真菌感染，在婴儿口腔黏膜表面形成白色斑膜的疾病，是白色念珠菌感染所引起的。当婴儿营养不良或身体衰弱时可以发病。多由产道感染，或因哺乳奶头不洁或喂养者手指的污染传播。

引起鹅口疮的念珠菌主要来自婴幼儿餐具和用品，所以保持餐具和食品的清洁是预防的关键。奶瓶、奶头、碗勺等应专人专用，煮沸消毒，母乳喂养者每次喂奶前应先洗手，清洁乳头。家长如果发现婴幼儿感染了鹅口疮应及时就医，在医师的指导下用药。

4.湿疹 婴幼儿湿疹是一种变态反应性皮肤病，以两个月至两岁之间的婴幼儿最常见，起初皮疹为红斑，以后为点状突起的皮疹或水疱样疹（医学上称丘疹、疱疹），患儿痒感明显，时常抓挠。主要原因是对食物、吸入物、接触物不耐受或过敏所致。

预防湿疹应避免接触刺激性物质，不用碱性肥皂擦洗皮肤，洗澡不宜过频；室温不宜过高，保持室内空气畅通，清洁卫生，避免灰尘刺激皮肤；外出时避免让太阳直晒；衣着宽松，避免摩擦患部，勤换衣服。婴幼儿出现湿疹应在皮肤科医生的指导下治疗，不可滥用抗生素；发病期间不做卡介苗或其他预防接种，避免接触单纯性疱疹患者，以防发生疱疹性湿疹。

5.痱子 痱子是夏季婴幼儿的常见病，红痱常见，好发于脸、颈、胸上部或皮肤褶缝处，多为圆而尖、针头大小、呈密集排列的红色丘疹。

夏季时不要让婴幼儿在炎热的阳光下玩耍，加强室内通风散热措施；选择宽大的棉质衣物，便于汗液蒸发；出汗过多时，应随时擦干，及时更衣，出汗后不能马上用冷水冲洗；婴幼儿不能整天抱于怀中，要勤给宝宝翻身；保持皮肤清洁，夏天每天至少给婴幼儿洗一次温水澡，洗后擦干并涂痱子粉。婴幼儿出现痱子时应避免搔抓挤弄，不要用热水烫、肥皂洗，避免使用花露水等含酒精成分的搽剂涂抹患处；可外用清凉止痒剂，多给6个月内婴幼儿喝水。

第二节　7～12个月婴儿的家庭健康养育与指导

一、7～12个月婴儿喂养及家庭膳食指导

7～12月龄婴儿生长发育仍处于快速发展阶段，其消化系统已较0～6月龄婴儿有较大改善，可耐受泥糊状食物和较细软的食物，因此，该阶段婴儿可适时合理地添加辅食。

（一）奶类优先，继续母乳喂养

该阶段婴儿仍然以奶类作为食物主要来源，每天应保证 600～800 毫升奶量。奶类以母乳为优，若无法母乳喂养或母乳不能满足婴儿需要，可使用较大婴儿配方奶。

（二）及时合理添加辅食

辅食是相对于母乳的一个概念，是除母乳以外任何一种含营养物质的食物。从 6 月龄以后，需要逐渐给婴儿添加辅食，包括果汁、菜汁等液体食物，米粉、菜泥、果泥等半固体食物以及软饭、烂面、果块、蔬菜等固体食物。辅食的适时合理添加不仅能满足大于6月龄婴儿的营养需求，还能使婴儿学习进食，训练其咀嚼和吞咽功能。

辅食的添加原则：每次仅添加一种新食物，由少到多、由稀到稠，循序渐进。按顺序添加不同种类的食物，由流质、半流质、软质渐至固体食物，最后替代乳类。

辅食添加参考顺序：

1. 4～6个月 菜汤、米糊、鸡蛋黄、烂粥、菜泥、水果泥、鱼肉泥、动物血。

2. 7～9个月 蒸蛋、豆腐、肝泥、肉末、烂面、饼干、碎菜、鱼、烤馒头。

3. 10～12个月 厚粥、软饭、挂面、馒头、面包、碎肉、豆制品。

（三）尝试多种多样的食物，控制食量

婴儿的辅食应单独制作，但婴儿膳食要少糖，不加盐和调味品，可添加少量食用油。食物原料应新鲜，制作过程要卫生，现吃现做。随着月龄的增加，应根据婴儿的需求增加食物的品种和数量，调整进餐次数，限制果汁和低营养价值饮料的摄入，以避免进食过多。

（四）培养良好的进食行为

建议用小勺给4～6个月的婴儿喂食，并鼓励其学习从勺中取食；对于7～8个月的婴儿，应允许其自己用手抓食物，也可训练用杯喝水，应鼓励10～12个月的婴儿自己用勺进食。这样既可以锻炼婴儿手眼协调功能，也可以促进精细动作的发育。良好的饮食习惯应从婴儿时期开始培养。

二、7～12个月婴儿常见疾病防治

（一）肥胖症

婴幼儿肥胖症是指婴幼儿体内脂肪积聚过多，体重超过按身高计算的平均标准体重的20%，患儿往往食欲极好，喜食油腻、甜食，懒于活动，皮下脂肪丰厚。

预防肥胖症应避免孕期营养过度和体重增加过多；在婴儿期，鼓励纯母乳喂养至6个月；早期培养良好的进食习惯、建立规律的生活制度，避免过度喂养和过度保护；不宜吃

过多的淀粉类食品、油炸食品和甜食，多吃蔬菜水果。注意饮食均衡，不能暴饮暴食。加强户外活动，每天进行至少30分钟中等强度的体育运动或体力活动。肥胖症的治疗最主要的是饮食控制，其次是运动锻炼，过胖的孩子需用药物治疗。

（二）贫血

贫血是婴幼儿时期常见的临床表现，也是影响婴幼儿生长发育，诱发感染性疾病的主要因素之一。造成小儿贫血的原因很多，最常见的是因造血红蛋白所需要的铁缺乏引起的缺铁性贫血。贫血表现为脸色苍白、食欲不佳，无精打采或烦躁不安。如果不及时治疗，病情进一步加重，还会出现呼吸道和消化道反复感染。

6月龄以前的婴儿应尽量母乳喂养，不能母乳喂养就选用强化铁配方奶喂养；6月龄以后加用强化铁的饮食，如强化铁米粉等，多吃富含铁的食物。出现贫血症状的孩子应及时进行药物治疗，缺铁性贫血应补充铁剂，常用的铁剂为硫酸亚铁、富马酸亚铁等。同时还应服用维生素C，以促进铁的吸收。

（三）感冒

感冒也称急性上呼吸道感染，是婴幼儿最常见的疾病，以病毒引起为主，可占原发上呼吸道感染的90%以上。季节交替、气候变化、冷热不均、通风不良等都是感冒的诱因。表现为流清水样鼻涕、打喷嚏、鼻塞、咳嗽。

预防感冒应积极进行户外活动和体育运动，增强免疫力。日常生活中注意环境卫生和自身卫生，尤其是手的卫生。保持空气流通和湿润，避免带婴幼儿去人流量大的地方，远离感冒患者，以防止交叉感染。流感流行时还可进行药物预防或注射疫苗。感冒患儿应及时就诊，服药；保证患儿的睡眠，适当减少户外活动；注意多喝水，饮食应营养丰富而易于消化，多吃富含维生素C的食物，如蔬菜、水果等。感冒后食欲差，饮食应以清淡爽口为宜，可以流质食物为主，若食欲恢复，可逐步吃半流质食物，但不要一次性进食太多。

第三节　1～3岁幼儿的家庭健康养育与指导

一、1～3岁幼儿的喂养及家庭膳食指导

1～3岁幼儿的生长发育速度虽然较婴儿期有所下降，但相对于整个生命过程来说，该时期仍然是处于高速发展的阶段，对各种营养素的需求也较高。此时，母乳中的营养物质含量明显下降，且分泌量也不能满足幼儿的需求，因此，该时期应加大除母乳以外的其他食物的比例。此外，1～3岁也是练习咀嚼，学习进食，养成良好饮食习惯的关键时期。因

此，该时期膳食安排合理与否，既影响营养的摄入，又关系到儿童饮食习惯的培养和心理发育。

（一）从母乳或其他乳制品逐渐过渡到多样化食物

WHO推荐，母乳喂养可持续至婴儿2岁，若不能母乳喂养的，则应提供不少于相当于350毫升液体奶的配方奶粉。若条件所限不能用幼儿配方奶的，可将液态奶稀释，或与蔗糖类或淀粉食物调制，或通过其他途径补充优质蛋白质和钙。一般可用100克左右的鸡蛋（约2个）代替，如蒸蛋羹等。2岁以后可逐渐停止母乳喂养，每天继续提供幼儿配方奶粉或其他乳制品。同时，根据牙齿发育情况，适时添加软、细、烂的食物，不断丰富种类和数量，逐渐向食物多样化过渡。

（二）选择营养丰富、易消化的食物，烹调方式适宜

考虑到幼儿消化功能尚未完善，对外界不良刺激防御性较差，食物应以营养全面、易于消化为原则。乳类是贫铁食物（除强化铁的奶制品），该阶段的幼儿还应注重增加铁质的供应，以避免铁缺乏和缺铁性贫血的发生。鱼类脂肪含量丰富，富含多不饱和脂肪酸及利于儿童神经系统发育的物质，应适当增加鱼虾类食物的供应，尤其是深海鱼类。不宜直接给幼儿食用坚硬食物（如坚果）或果冻等食品及腌制和油炸类食品。幼儿的食物应切碎煮烂，利于咀嚼、吞咽和消化，采用蒸、煮、炖、煨等方式。口味以清淡为主，不宜食辛辣刺激性食物，减少或不用味精、鸡精、糖精等调味品。

（三）鼓励多做户外活动，合理安排膳食

每日可安排幼儿进行1～2小时的户外游戏与活动，既可充分地接受阳光照射，促进皮肤中维生素D的形成和钙质的吸收，还可实现对幼儿智能和体能的锻炼。合理安排幼儿膳食，既增加幼儿对饮食的兴趣，又能保障幼儿能量的需要。搭配零食应选择水果、乳制品等营养价值高的食物，给予零食的数量和时机以不影响主餐食欲为宜。严格控制纯能量类零食（如糖果、甜饮料等）的食用。

图2-3　培养自主进餐

（四）规律进餐，培养进食技能

一日可进5～6餐，即主食3次，上、下午两主餐之间各安排一次加餐，以奶类、水果和其他细软面食为佳，晚饭后也可加餐，但睡前应忌食，以预防龋齿。可鼓励较大幼儿与家人一同进餐，以利于日后更好地接受家庭膳食。饮食安排要规律，逐渐做到定时、适量、有规律地进餐，不随意改变进餐时间和进餐量。尽可能创造良好的进餐环境（图2-3），鼓励、引导和养育儿童使用勺、筷等自主进餐。进

知识扩展2-1

餐时停止其他活动，集中精力进食，切忌进餐时看电视、玩玩具等。

（五）足量饮水，少喝含糖量高的饮料

小儿的新陈代谢相对高于成人，对能量和各种营养物质的需求也相对更多，尤其是对水的需要量。1～3岁幼儿每日需水量约为125毫升/千克体重，总量为1250～2000毫升。其需水量除来自体内代谢生成水和膳食所含的水分外，大约有一半需要通过直接饮水来满足（600～1000毫升）。幼儿饮水以白开水为佳，含糖饮料和碳酸饮料饮用过多，不仅会影响幼儿的食欲和引发龋齿，而且还可能摄入过多能量，从而导致肥胖或营养不良。

二、1～3岁幼儿家庭保健护理与常见疾病防治

（一）1～3岁幼儿家庭保健护理

1. 体格测量　幼儿的身高、体重、头围、胸围是判断其生长发育和营养状况的重要指标，因此1～3岁幼儿应定期进行体格测量。一般1～3岁幼儿每2～3个月做一次体格测量。

3岁以下婴幼儿多采用卧位测量身长，采用坐位（1～2岁）或立位（3岁）测量体重。身长、体重、头围及胸围等都应在相应年龄的标准范围内，其中以身长和体重最为重要。体重是反映近期营养状况的一项指标，而身长则是反映长期营养状况的一项指标。生长发育的评价可参照WHO推荐的评分，也可定期到儿保机构进行咨询。1～12岁儿童体重可按以下公式计算：8+2×年龄（千克），1～12岁儿童身长可按身长公式计算：80+5×年龄（厘米）。1岁宝宝的头围一般会达到46厘米，2岁时48厘米，2～3岁时增长1～2厘米。1岁以后胸围超过头围，1岁后到青春期时，胸围大小的平均值可根据以下公式计算：头围+年龄-1（厘米）。

2. 睡眠护理　幼儿的睡眠时间随年龄的增长而减少。早期幼儿每晚可睡12小时，白天午睡2小时。睡眠习惯养成后尽量不要任意变动。幼儿睡前常需有人陪伴，或带一个喜欢的玩具陪伴入眠，以使他们有安全感。就寝前不要给宝宝阅读紧张的故事书或做剧烈的游戏。如果幼儿夜间醒来，家长不要急着开灯，可以和幼儿说话安抚。家长应尽量帮助幼儿学会独自入睡。

3. 口腔护理　幼儿期消化系统逐渐成熟，饮食也从乳类为主过渡到饭菜，此时更应注重幼儿的口腔护理。早期可用软布清洁幼儿牙齿表面，后可逐渐改用软毛牙刷。3岁左右应能在父母的监督下自己刷牙，刷牙最好在饭后1小时后进行。还应注意幼儿应少吃易致龋齿的食物，如糖果、含糖量高的饮料等。有些幼儿习惯在睡前喝牛奶或果汁，这对牙齿伤害极大，应摒除这一陋习。除了平时的家庭保健，家长还应定期带幼儿到相关机构做口腔检查。

4. 如厕训练　如厕训练是幼儿期的主要保健工作之一。

如厕训练应在2岁左右开始。从生理上来讲，18 ~ 24个月时的幼儿已能够自主控制肛门和尿道括约肌，且认知的发展也使他们足以理解排泄应在何时何地。从心理上来说，幼儿也愿意学习控制大小便以取悦父母。这些生理和心理特点为大小便训练做好了准备。

训练时氛围的营造对于训练的成功很重要，购买适合孩子使用的便盆，或给普通马桶加专门的儿童马桶圈，确保幼儿能双脚踩地坐稳。

每天一次让幼儿坐在便盆上，可以是早餐后、洗澡前或任何他很可能会大便的时间。让幼儿习惯便盆，把它当作自己日常生活的一部分。如果幼儿不愿意坐在便盆上，一定不要强迫，几周或一个月以后再试。

让幼儿不穿尿布坐在便盆上，尽量让幼儿明白如厕的意思并能表达出如厕意愿。

向幼儿展示怎么处理大小便。幼儿换尿布时，把他带到便盆处，让他坐下，然后给他解尿布，把大便扔进便盆。这有助于幼儿把“坐下”和“方便”联系起来。把便盆里的东西倒进大马桶后，可以尝试让他来冲水。教导幼儿方便后，自己穿裤子和洗手。

鼓励幼儿想方便的时候就用便盆。尝试让幼儿某些时候不带尿布，把便盆放在旁边。告诉幼儿，有需要的话就使用便盆，并且提醒他便盆就在旁边。

鼓励幼儿用成长裤，当幼儿因穿真正的内裤而受到激励时将有利于如厕训练。在幼儿进行如厕训练时出现状况，不要生气或惩罚孩子，家长要平静地收拾干净，告诉幼儿下次试试使用便盆。

别让幼儿上床前喝太多流质物，告诉他半夜醒来可以叫家长带他用便盆，从而减少夜里尿床的次数。此外，把便盆放在幼儿床旁，以便幼儿随时使用。在幼儿大小便时，最好让其保持轻松愉快的心态，家长可多采用表扬和奖励的方法，不要过分责备。一般来说，大小便训练可能要花上3 ~ 12个月。值得注意的是，已经形成排泄习惯的幼儿在环境突然变化时会出现退化反应行为，当小儿情绪安定后，排泄习惯会恢复，家长不要太过焦虑。

知识扩展2-2

5. 洗手训练　幼儿随着年龄的增加，其活动范围增大，手接触外界的事物也越来越多，难免会带细菌，若细菌随后进入体内就可能导致幼儿患病。因此家长应帮助幼儿形成勤洗手的习惯。首先家长应告知幼儿为什么要洗手，其次家长应教会幼儿如何洗手，在教导过程中要足够耐心细致。最后，家长要经常监督和提醒幼儿勤洗手，勤剪指甲，不要迁就幼儿不愿意洗手的态度。尤其是培养他们在饭前便后以及接触钱币玩具等较脏的东西后洗手的习惯。

（二）1 ~ 3岁幼儿常见疾病防治

1. 龋齿　龋齿是以牙体被蛀蚀，逐渐毁坏而成龋洞为主要表现的牙病。它是细菌性疾病，可继发牙髓炎和根尖周炎，甚至能引起牙槽骨和颌骨炎症。

预防龋齿最实际有效的办法是刷牙和漱口，尽可能做到早晚各刷牙一次，每次饭后都要漱口；减少或控制饮食中糖的含量；增强牙齿的抗龋性，主要是通过氟化法增加牙齿中的氟素。根据龋齿的不同程度采取不同的治疗方法。

2. 肺炎　肺炎是一种常见的呼吸道疾病，四季均易发生，3岁以内的婴幼儿在冬、春季节患肺炎较多，其中以病毒性肺炎最为常见。

预防肺炎应以增强婴幼儿的体质，提高自身抵抗力为主；防止病菌的侵入，尽量减少感染的机会。预防容易引起肺炎的传染病，如麻疹、百日咳、流行性感冒等。在治疗上，应根据病因，选择适宜的抗菌药物控制感染。注意安静休息，补充水分；膳食要营养；补充益生菌，保持体内菌群平衡，缓解抗生素药物的副作用。

3. 腹泻　腹泻是2岁以下婴幼儿的常见病。感染性腹泻主要是指肠道内感染，可由病毒、细菌、真菌、寄生虫等引起，非感染性腹泻往往与饮食因素、过敏因素和气候因素有关。

提倡母乳喂养，按月龄合理添加辅食，注意饮食卫生和手的卫生，婴幼儿食物应单独制作，现吃现做，家长不可嚼饭喂宝宝；在腹泻病流行的季节，一定不要接触患有腹泻的宝宝。治疗感染性腹泻应注意隔离，防止交叉感染；按时喂水及口服补液盐；注重饮食调理，进食应遵循少吃多餐、由少到多、由稀到浓的原则；注意观察入量及出量（大便、小便及呕吐）情况，并及时准确地记录。观察婴幼儿的精神状况，如果发现婴幼儿萎靡不振或烦躁不安，同时嘴唇干燥，前囟和眼窝凹陷等脱水症状，要及时就医。

第四节　婴幼儿常见意外事故的家庭应急处理

一、婴幼儿发生意外伤害的原因

意外伤害会威胁婴幼儿的健康，严重的甚至会致残、致死，如果加强安全意识和防范措施，很多意外伤害是可以避免的。以下是不同月龄婴幼儿受伤的潜在危险：

0～3个月婴儿，能稍微控制头部在床上移动，潜在的危险有跌落，在床上窒息，手指卡在床垫和床之间，洗澡时受伤。

3～6个月婴儿，能控制头部，能翻身，会将手放入口中，潜在的危险有小东西入口造成梗塞，在其伸手可及的地方放置危险物品。

6～12个月婴儿，会用手指抓握，会坐及爬，潜在的危险有玩地上的电线，触摸电插

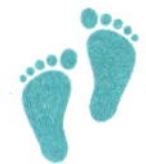

座，攀爬楼梯造成跌倒。

12～18个月幼儿，会走及蹲下再站起来，潜在的危险有与有尖锐棱角的家具碰撞，被绊倒，跌落水中溺水。

18～36个月幼儿，能跑跳及单脚站立，喜欢模仿成人，潜在的危险有好奇心强，任何危险物品皆可能对其造成伤害。

婴幼儿发生意外伤害的原因：一是自身原因。婴幼儿生性活泼，具有强烈的好奇心和探索本能，喜欢攀爬、钻洞、啃咬、摆弄，对危险缺乏基本的认知和判断，且躲避危险的能力弱，稍有不慎，在探索的过程中就会受到严重的伤害。二是环境因素。若对环境中的物品管理不善，如热水瓶、剪刀、可以入口的小物件没有保管好；玩具有尖锐棱角、含可以拆卸的细小部件；窗户没有插销和外围栏杆，地面湿滑，家具边角尖锐，电源插座位置太低；汽车没有安装安全座椅等都容易使婴幼儿受到伤害。

二、婴幼儿意外伤害的家庭应急处理

（一）窒息

婴幼儿意外窒息可能发生在任何年龄段。一旦发生窒息，就会造成严重的，甚至不可逆转的后果，在日常照料的过程中要有预防措施。应让婴幼儿仰卧睡眠，床上不要放蓬松的寝具或毛绒玩具；不要给幼儿吃龙眼、果冻、坚果、糖果等容易呛卡的食物；婴幼儿玩具不可含有可拆卸的细小部件；在婴幼儿活动的环境中，要收好硬币、纽扣、药物等物品。

被异物卡住呼吸道导致的窒息，如果不及时清除气管异物，很可能危及生命，最初的几分钟非常关键。家长应掌握相关的急救方法——海姆立克急救法。对于清醒的、1岁以下的婴儿，应采取拍背法。成人把婴儿抱起来，一只手握住婴儿颧骨两侧，手臂贴着婴儿的前胸，另一只托住后颈部，使婴儿脸朝下，趴在成人膝盖上。成人以适当力量叩击婴儿背部肩胛骨之间，拍击5次左右，异物可能被咳出。

对于清醒的1岁以上的幼儿，需要采用腹部冲击法。成人在幼儿背后，用手臂环绕其腰部，一手握空心拳，另一只手握住拳头，双手放在婴幼儿的腹部和胸骨间。然后快速向内、向上冲击其腹部，约每秒1次，直至异物排出。还可以采用按压婴幼儿舌部的方法进行催吐。

（二）摔伤

随着婴幼儿活动能力的逐渐增强，摔落成为非常常见的意外伤害。从床上、椅子、楼梯跌落，轻则受外伤，重则导致脑震荡、内出血、骨折等。不要让婴幼儿处于无人看管的状态。

若坠落高度不高，可以先观察婴幼儿状态，查看有无外伤，及时对症处理。若头部撞伤，应注意观察有无呕吐、头痛、抽搐等，如有，应立即送到医院就诊。若怀疑骨折，应用硬物固定患肢后送至医院，若从高处摔落，应立即送到医院，此时千万不要直接抱起婴幼儿或者抬起身体一侧，应让婴幼儿保持脊柱伸直的姿势，以免其受伤或受到二次伤害。

（三）溺水

千万不要将婴幼儿单独留在浴室或者其他水源旁，如水桶、戏水池、游泳池、水槽、马桶等，即使只有几厘米深的水，婴幼儿也有可能溺水。用完水后，应立即将水排空。

如果婴幼儿不慎溺水，要立即把婴幼儿从水中捞出，查看其呼吸。如果呼吸停止，应立刻对婴幼儿进行心肺复苏。婴儿溺水后，即使看起来很好，也要带其去医院进行检查，以确保呼吸系统或神经系统没有损伤。

（四）烧烫伤

若婴幼儿不慎被烧伤、烫伤，可按以下步骤进行急救。

第一步，迅速远离热源，除去覆盖在烫伤处的衣物，但如果衣服和烫伤处的皮肤粘在一起，切勿撕拉，要保护好创面，防止感染。

第二步，对烫伤处进行降温处理，即用干净的凉水冲洗烧烫伤处5～10分钟，或用干净毛巾包住冰块置于烫伤处。降温处理越早越好。

第三步，在没有起疱的创面涂抹烫伤药物，控制感染。如果创面起大水疱，应立即去医院处理。

（五）动物、蚊虫咬伤

如果婴幼儿被猫、狗等小动物咬伤，应首先处理伤口，伤口较小时，建议立即挤出伤口处的血，然后用自来水冲洗，最后用纱布擦干后涂上碘酒，包扎一下，立即送医院治疗。伤口较大时，应先止血，再送到医院就诊。为了预防狂犬病，无论伤口大小，都必须注射狂犬疫苗。

若被黄蜂蜇伤，应先将刺除去，由于黄蜂毒液呈碱性，可再在伤口处涂弱酸性液体，如食醋；被蜜蜂、蝎子蜇伤，或被蜈蚣咬伤，因为它们的毒液呈酸性，可用淡碱水或肥皂水冲洗伤口，严重的可涂上较浓的碱水或30%的氨水。视具体情况送到医院救治。

（六）骨折

婴幼儿骨折可能出现“青枝骨折”，即折而不断，如果没有及时治疗，伤肢将会出现畸形，影响肢体的正常功能。因此，一旦婴幼儿发生肢体伤害，应及时送医院检查是否发生骨折。

婴幼儿发生骨折后，如果伴有出血，先要包扎止血，再处理骨折。处理骨折的一个基

本原则是固定——使断骨不再刺伤周围组织，骨折不再加重。具体各部位的骨折处理方法如下。

1. 四肢骨折　首先观察骨折处有无皮肤破损及断骨暴露，如有断骨暴露，可盖上干净纱布，简单固定后，迅速送往医院做进一步治疗。如果没有断骨暴露或皮肤破损，应立即用夹板固定。夹板可以选用薄木板，紧急情况下也可用木棒、硬纸板、竹片，甚至还可以将伤肢固定于健肢，夹板的长度应超过伤处的上、下两个关节。固定时，在伤肢处垫棉花、布等柔软物品，并用绷带把伤肢的上、下两个关节都固定住，露出患儿的手指或脚趾，以观察肢体的血液循环情况。

2. 颈椎骨折　将患儿平放，头部垫高，在头部两侧放沙袋或枕头，将头部固定。

3. 肋骨骨折　如果患儿呼吸困难，则肋骨可能伤及肺部，应立即送到医院急救。如果没有呼吸困难，可让患儿深呼吸，然后用宽布带缠绕胸部断肋处，减少胸廓运动。

4. 腰椎骨折　患儿发生腰椎骨折后，应严格固定好腰部，否则会加重脊髓的损伤。让患儿俯卧在木板等硬担架上，并用宽布将其身体固定在担架上，尽量平稳地将患儿送到医院。

第五节　婴幼儿家庭健康养育指导方法

婴幼儿时期是每个人生命成长发育最重要的时期，可为其今后健康的生长发育打下坚实的基础。因此，家庭养育指导者需要引导家长树立科学的婴幼儿健康养护观念，让家长获取正确的婴幼儿健康养护知识，提升家长健康养护的能力。

一、引导家长树立科学的健康养护观念

（一）鼓励父母承担婴幼儿养护的主要任务

当前多数年轻父母工作忙、压力大，看护孩子的时间很少，且年轻父母通常没有经验，孩子的祖（外）父母也多愿意承担起照顾孩子的任务。但是，年轻父母切忌以此为借口把养育孩子的责任推卸给祖辈或请保姆代劳。要知道父母养护孩子不仅能与孩子建立起深厚的感情，还能更清楚地掌握自己孩子的特点，以更好地培养其健康的人格和生活习惯。此外，年轻父母的养护观念常常较祖辈更科学先进，对新知识和新观念的理解能力和接受能力也更强。因此，家庭养育指导者应鼓励父母多在孩子身上投入精力，承担起养护孩子的主要任务。

（二）提醒家长做好孩子的榜样

婴幼儿好奇心重，模仿能力强，家长不经意间的习惯和行为往往能对他们产生深刻的影响。因此，要培养孩子健康的人格和良好的生活习惯，养护人员应该以身作则，做好孩子的榜样，特别提倡“教养结合、自然渗透”的方式，家长通过健康养育过程对婴幼儿进行潜移默化的养育和影响。例如，要培养婴幼儿独立进食的行为，可以让孩子尽早与家人同桌吃饭（但不是同食），使他们学着大人的模样使用餐具，养成规律的进餐时间。同时，家长要避免在孩子面前表现自己的不良习惯，比如家长自己吃着不健康的食品，却要求孩子不要吃；家长自己吃饭的时候看电视、玩手机，却要求孩子吃饭的时候不玩玩具等。

二、丰富家长的健康养护知识

传播科学的婴幼儿健康养护知识，培养健康、聪明的孩子关系到一个国家和民族的兴旺发达。在这一时期及时给家长提供准确的婴幼儿健康养护知识，会促进婴幼儿的生长发育。

（一）鼓励家长主动学习健康养护知识

家庭养育指导者要引导家长主动去了解婴幼儿家庭健康养护方面的内容。譬如，指导者可以指导家长通过看一些家庭健康养育方面的书籍，上专门的育儿网站来丰富自己对婴幼儿健康养护方面的知识，提高自身的养育观念。同时，还要引导家长积极主动地参加一些医院、养育机构和社区组织的家庭健康养育活动（比如亲子游戏、讲座等）或者参加一些家长健康养护婴幼儿的培训班，在业余生活中学到健康养护养育孩子的知识，学会一些健康养护孩子的好方法，从而减少因喂养护理不当造成的婴幼儿营养不良问题，促进婴幼儿的健康成长。

（二）培养家长对养护知识去伪存真的能力

家庭养育指导者一方面应鼓励家长多途径了解健康知识，但另一方面也要告知家长不能盲从盲信。对于传统观念和其他不确切的健康信息应保持一定的质疑度，不要随波逐流。信息的来源最好是相关领域的专家、权威机构发布的书籍杂志、经过认证的专业网站等。一些传统的观念可能已经落伍，甚至是错误的，不要因为朋友长辈的游说就盲目跟从，并应及时纠正其他家长的错误观念。当家长对养护行为有冲突时，不要自说自话，应主动寻求解决办法，区分真伪，达成一致。

（三）重视沟通技巧与家访

家庭养育指导者要重视定期进行的家访或者一对一咨询活动，耐心细致地解答家长

在健康养护方面的疑惑。在与家长交流健康养护问题时应注意沟通技巧，避免引用较多专业术语，多做通俗易懂的解释。注重家长的反馈，不要以“一传一授”的单向交流方式沟通，多听家长的困惑和目前遇到的问题，有针对性地进行指导。

三、提高家长的健康养护能力

家庭养育指导者应根据婴幼儿生理解剖特点、生长发育规律及心理发展特点选择健康养护指导的内容，采取家长易于接受的方式对家长进行指导，以提升家长的实践能力和操作水平。指导者在指导时要先摸清该家庭的教养背景，以及婴幼儿的具体状况，有针对性地制定符合婴幼儿特点和家长健康养护需求的指导方案。譬如，对于正处于母乳喂养阶段的婴儿家庭，家长当下最需要解决的是如何科学哺乳的问题，因此，指导者此时的指导重点是有针对性地对乳母进行健康指导，提出哺乳时需注意的事项，如：哺乳前净手、哪些疾病情况下不能哺乳，什么时候应暂停哺乳，以及乳母的饮食等。指导者还可以引导家长建立“宝宝健康养护档案”，让家长细心记录宝宝健康成长的历程，记录所采用的健康养护方法，遇到的问题，以及指导者每次给予的解决方法和方法，以促进家长健康养护经验的积累，提升家长健康养护的能力。

讨论与思考

1.请对18个月幼儿家长进行一次膳食指导。

2.婴幼儿辅食添加顺序及原则是什么？

3.请针对小儿上呼吸道感染进行一次家庭指导。

扫码看本章PPT

（赵　莹）

第三章
婴幼儿家庭运动养育与指导

1.识记婴幼儿动作发展的特点与规律。

2.理解婴幼儿家庭运动养育的基本内容与任务。

3.掌握婴幼儿家庭运动养育指导的方法。

4.应用家庭运动养育知识帮助家长开展婴幼儿家庭运动养育指导。

情景导入

朗朗和硕硕住一个小区，同是9个月的宝宝，这几天硕硕的妈妈很着急，因为朗朗已经开始自己学着走路了，硕硕却还是总想要家长抱，硕硕的妈妈记得他5个月的时候就已经会坐了，比朗朗还早一点，怎么到9个月了，反而还没学会走路呢？是不是身体发育受到什么影响，出问题了呢？

请思考：我们怎样对硕硕妈妈进行解释并帮助她开展合理的家庭运动养育呢？

第一节　婴幼儿动作发展的特点与规律

人类刚出生的婴儿和动物幼崽相比具有相对不发达的运动能力，这样的比较说明人类的婴儿较晚成熟。在一段漫长的时间里，婴儿在身体上处于无助的状态，他们不能够行走，不能够控制双手与头部的运动，这也说明人类婴幼儿动作的发展需要一个过程，有其自身发展的特点及规律。随着婴幼儿动作不断发展，他们不仅学会了走路，而且在发展过程中练习并习得了很多动作，形成了自主技巧及系统的运动能力。

一、婴幼儿动作发展概述

（一）婴幼儿动作发展的基本概念

1. 动作与动作发展　“动作”就是指在一定的时间和空间下，肢体及躯干的肌肉、骨骼、关节协同活动的模式。它既可以指由多个部分共同构成的完整活动模式，也可以指某一部分的特定活动模式。动作可以通过运动来实现的，但并不是个别简单机械的运动的组合，而是带有不同复杂程度的完整的且有目的的运动系统。动作通过反复练习可以达到自动化的地步。这种自动化了的动作系列被称为技能动作，它在人类的生产活动中具有重要的意义。

“动作发展”则是指个体一生中动作的变化过程。动作的发展是婴幼儿发展的基础，是其生活、学习活动顺利进行的直接前提。动作是我们早期生长发育的核心。作为保障个体生存和发展的基本技能，动作是个体与环境进行有效互动的基本手段，也是婴幼儿适应环境的重要手段。在人类发展早期，动作的发展是判断人体大脑是否正常发展的重要指标。不仅如此，由于动作的发展持续于个体生命的始终，且重要动作的获得意味着人体与环境互动关系的改变，因此，动作在幼儿的认知、情绪、情商等发展方面起着重要的作用。动作本身是人体发展的重要方面，而且从人的个体生命开始，动作的发展就是评价身心发展状况的重要指标。因此，婴幼儿动作是反映他们自身发展的一个非常重要的方面。

2. 运动与运动养育　运动是现代社会的人类离不开的一种生活方式，是指以身体练习为基本手段，结合日光、空气、水等自然因素和卫生措施，达到增强体能、增进健康、丰富社会文化娱乐生活为目的的一种社会活动。人们在运动的过程中，身体的结构会随着运动而变化，可以加强自身的体质，促进新陈代谢，加快身体生长与发展。动作的发展和运动能力的形成是相辅相成的，动作的发展为婴幼儿运动能力的形成奠定了基础，是婴幼儿家庭运动养育形成的基本条件之一，而随着婴幼儿在运动过程中其身体的不断变化，也进一步促进了婴幼儿的动作发展。

运动养育是以运动活动为基础的一种活动方式。运动养育对于婴幼儿的动作发展具有重要意义和价值。对于婴儿来讲，运动养育是大脑成熟的“催化剂”，是智能之门的“钥匙”，是婴幼儿健康成长的源泉，通过运动养育能增进感官体验，促进婴幼儿感官发展。因此，在婴幼儿早期成长和发展中，需要家长开展适当而科学的家庭运动。

3. 婴幼儿家庭运动养育与指导　婴幼儿家庭运动养育的目的是帮助婴幼儿养成运动的习惯，增强锻炼的意识，形成运动的能力。婴幼儿家庭运动养育是指根据婴幼儿动作发展的特点，在科学的养育和引导下，以基本动作为主要内容，以增强婴幼儿体质，促进婴幼儿个性和社会性得以全面发展为目的的一种活动形式。婴幼儿家庭运动养育指导的目的在于提高家长对婴幼儿运动养育活动的组织与指导的能力，提高家长对婴幼儿运动发展的分析、指导和评价的能力。因此，应针对婴幼儿动作发展的特点与规律，为婴幼儿动作发展和运动训练提供适合的场地、适宜的内容和科学的操作方法，进而帮助家长有效地开展婴幼儿家庭运动养育训练。婴幼儿家庭运动养育指导主要是针对婴幼儿反射运动、大肌肉运动和精细运动等方面进行。

（二）婴幼儿动作发展的意义与作用

婴儿期是个体心理发展的关键时期，也是个体发展的必经时期。在这样一个时期，动作的发展（包括手部动作、脚部动作、精细动作、粗大动作等）在婴儿心理发展过程中起着非常重要的作用。

1. 动作发展是心理发展的源泉或前提 动作在儿童心理发展中的作用一直是心理学的一个重要问题。婴儿运用已有的动作模式和感知觉对外界刺激做出反应，获得对环境的最初的知识。没有动作，婴儿心理就无从发展。婴儿动作的发展反映着心理的发展，通过动作发展的研究，可以了解婴儿心理发展的内容和水平。

2. 婴儿动作是个体早期的外显智力 动作是人类最重要的一种基本能力，也是个体进行实践活动不可缺少的重要工具。婴儿各种运动、动作的发展是其活动发展的直接前提，也是其心理发展的外在表现。在发展早期，个体的动作相当贫乏，需要较多的时间去习得人类特有的各种适应性动作，并不断提高动作与外界联系的有效性，从而更好地适应环境。因此，动作可视为个体早期的外显智力。

3. 婴儿动作的发展促进了其空间认知的发展 长期以来，心理学家围绕着儿童早期的动作发展与认知发展的关系展开了大量的研究，形成了“预先成熟论”和“可能成熟论”，并由此产生了“助长”和“诱导”的争论。“预先成熟论”认为，动作是“预先成熟”的结果，后天运动经验只是加速或提前了心理发展，动作发展促进了心理发展。“可能成熟论”认为，技能的发展可以引发或转换出新的结构来，运动经验是心理发展的必要前提，动作发展“诱导”心理的发展。运动经验对婴儿某些基本概念的形成有着某种积极的作用。手的抓握动作和独立行走等动作的发展可以促进婴儿空间认知的发展。因此，运动经验在空间认知发展中也具有重要影响。

4. 婴儿动作的发展促进了其社会交往能力的发展 只有感到安全的孩子才乐意探索新的环境。许多心理学家都曾注意到婴儿爬行的开始给其亲子依恋关系所带来的某种变化。当婴儿学会爬行，试图爬到远处去做一番探索时，他必然要失去通过与母亲身体接触建立起来的安全感。为找回安全，孩子必须发展起一些与母亲交流的新形式，即学会接受和解释母亲的面部表情、声音、姿势等所传递的情感信息，只有这样，孩子才能借此消除环境中不确定和不稳定的因素。爬行的技巧激起孩子寻向远处、探索环境的动机，这种动机推动孩子发展社会交流的能力并从中获得安全感。心理学的实验表明，运动经验在婴儿社会交流能力发展中扮演着极其重要的角色，随着动作能力的发展，婴儿与周围人的交往从依

赖、被动逐渐向具有主动性转化。动作的发展可以诱导婴儿社会交流能力的发展。

总而言之，正是动作及动作本身的发展，才使得婴儿在与客体不断相互作用的过程中建构自我和客体的概念，并产生自我意识和最初的主客体之间的分化。动作在婴儿心理发展过程中既有诱导作用，又有促进作用。对于动作与婴幼儿心理发展之间的关系，应该进行动态的、细致的、发展性的分析，而不能简单地、静态地一概而论。

二、婴幼儿动作发展的基本规律

婴儿是带着生命的密码来到人间，带着先天的成熟发展时间表降生的。婴幼儿的生长发育“是在生物学上现成的配置好，而在出生前后经历成熟的过程发展而来的”。婴幼儿发展有着自然的规律，教养者要尊重这个规律，辅助这个规律。婴幼儿动作的发展相对落后于感觉的发展。动作的发展顺序和主动肌张力发展的顺序相一致。婴幼儿动作的发展具有一定的方向性和顺序性，体现出了头尾原则（从上到下，即从头部开始向脚部发展）、远近原则（从中心到外周，即从身体的中轴部位向周边部位转移）、大小原则（粗细指向，即从粗的动作向精细的活动发展，从大肌肉动作向小肌肉动作发展）三个方面的特点。总体而言，表现出从整体到分化、从上部到下部、从粗大到精细、从中央到边缘，从无意到有意以及阶段性和连续性六个方面发展的基本规律。

（一）从整体动作到分化动作

婴幼儿动作发展呈现从整体到分化的特点，最初的动作是全身性的、笼统的、散漫的，以后逐步分化为局部的、准确的、专门化的。初生婴儿的动作是混乱笼统的、未分化的大肌肉群动作。如四五个月的婴儿要取前面的奶瓶，往往不会用手，而是用手臂乃至整个身体，哭泣的时候也是全身舞动。随着神经系统和肌肉的成熟以及婴儿自身的反复练习，动作不断分化，婴儿渐渐学会控制身体局部的小肌肉群动作。当身体某部位受到刺激时，能控制仅由有关部位做出反应，而抑制其余部分的动作。在婴儿能够对各部分的小肌肉群的动作进行控制之后，又学会把这些小动作归并到一起，整合成为更加复杂的整体动作。例如，婴儿在学会控制头部、颈部、手臂的动作后，在这些已经分化了的动作的基础上整合协调产生了坐的动作。这是更高一级的整体动作。海纳把这个过程称为“分级整合”。动作发展就是从粗大动作到精细动作，从未经分化的、混沌的整体动作到分化了的整体动作的不断分化、不断整合的过程。

（二）从上部动作到下部动作

婴儿最先发展的是头部动作，然后自上而下，学会俯撑、翻身、坐、爬、站，最后学会走路，这种发展的特点体现了身体发展的首尾方向性。婴幼儿最早发展的动作是头的动作，其次是躯干，再次是四肢，最后是手和脚。其顺序沿着抬头—翻身—坐—爬、站—行走的方向发展。任何一个婴儿在身体动作发展过程中，总是先学会抬头，然后是翻身和坐，接着是使用手臂，最后学会使用手和足部，直到能够直立行走。一个不会抬头的孩子，就一定不会走，其从上到下的发展顺序是基于生物基础的（颈屈、胸屈、腰屈）

（三）从粗大动作到精细动作

婴幼儿的粗大动作比精细动作发育要早，表现在婴幼儿躯体的动作比四肢动作发展要早，手指动作发展最迟。这一发展顺序与身体发展的近远方向（中心到边缘）相一致。婴幼儿粗大动作到精细动作的发展主要是指婴幼儿先发展头部和躯干的动作，然后再发展双臂和双腿的动作，最后才发展手、脚等较为精细的动作，这也体现了婴幼儿动作发展由内到外的规律。例如，1个月的婴儿，在俯卧位时，略微能抬一下头，时间非常短暂，但在5个月左右，婴儿扶着坐时能够挺直躯干。婴儿精细动作的最初出现是在2个月时，在此之前两手呈紧握拳状态，到了3～4个月时，才能将双手放到面前观看并玩弄自己的双手，出现企图抓握东西的动作。

（四）从中央部位动作到边缘部位动作

从中央部位动作到边缘部位动作的发展，即靠近中央躯干部位的动作先开始发展，然后再出现离躯干远处的部分动作，例如，先出现手臂的动作，然后再出现手的精细动作。也可称为由近及远的原则，以身体中部为起点，越接近躯干的部位，动作发展越早。以上肢动作发展为例，肩和上臂的动作首先发展成熟，其次是肘、腕，手、手指的动作发展最晚。

（五）从无意动作到有意动作

婴幼儿最初的动作是无意的，以后越来越多地受到心理有意识的支配，表现出从简单的、无意识动作到复杂的、意识控制的动作。例如，满2个月的胎儿便可利用头和臂的旋转，使身体弯曲避开刺激，这可看作婴幼儿最早的胎动。3个月的胎儿已经出现巴宾斯基反射和其他类似吮吸反射及抓握反射的活动。胎儿在5个月以后逐渐获得了防御反射、吞咽反射、眨眼反射和强直性颈反射等对于生命有重要作用和价值的本能动作。

（六）阶段性和连续性

阶段性是指儿童每个动作的出现都有一定的时间范围。例如，我们常说的三抬、四翻、六坐、八爬就是指这个动作出现的时间范围。一般儿童大概在3个月左右学会翻身，有的孩子稍微早一些，有的孩子稍微晚一些。6个月左右会坐，8个月左右会爬。连续性是指动作的发展是按照一定顺序出现的。例如，从仰卧到翻身，从翻身到坐，从坐到站等。前一个动作是后一个动作的基础，后一个动作是前一个动作的发展。由于神经系统的成熟有一定的顺序，肌肉活动的发展有一定的顺序，那么动作的发展必然遵循这个顺序。没有前

边的动作，就不会有后边的动作，不会抬头的孩子就一定不会坐。

三、影响婴幼儿动作发展的因素

婴幼儿动作的发展具有个体差异性，既受神经系统的成熟程度的支配，同时也受到环境和养育等因素的影响。

（一）生理成熟

婴幼儿动作发展是有一定的过程的，婴幼儿家庭的运动养育与指导要尊重婴幼儿动作发展的实际，要注重婴幼儿动作发展的实际水平，在其尚未成熟之前，要耐心等待。不要违背婴幼儿动作发展的自然规律和内在的“时间表”。人为地通过训练来加速婴幼儿动作的发展是拔苗助长的行为。在现实中有些年轻家长，往往不遵循婴幼儿成长和发展的内在规律，人为地通过训练来加速孩子的发展。婴儿一般3个月时会俯卧，能用手臂撑住抬头，4～6个月时会翻身，7～8个月时会坐会爬，1岁左右才会站立或独立行走。在婴幼儿教养的实际生活中，心急的家长则让孩子越过爬的阶段或者很少让孩子爬，就通过学步车等直接学走路。这种“跨越式”的发展虽然能早早地让孩子学会走路，但过早走路容易把孩子的双腿压弯，影响形体健美，还易形成扁平足，也很可能造成孩子日后在走路的时候步伐不稳，出现跌跌撞撞的现象。

知识扩展3-1

（二）环境因素

环境可以分为物质环境和社会心理环境。物质环境指的就是客观存在的家庭物质环境，包括家里的设备、场地和空间等。社会心理环境指的是家里的成员，婴幼儿与家长之间的互动关系，以及家长为其人为创设的视觉和听觉等空间环境等。要创设与养育相适应的良好环境，为婴幼儿提供活动和表现能力的机会和条件，促使每个婴幼儿个体在不同水平上得到发展。对于2～3岁幼儿来说，环境是会说话的。良好的环境刺激会引起幼儿积极的、有价值的反应，同时能培养幼儿良好的情感、行为、习惯、个性、知识和技能。总体而言，环境对婴幼儿动作发展的影响具体包括自然环境、家庭环境以及社会环境。

1. 自然环境 良好的自然环境能为婴幼儿动作发展提供各类物质条件，维持和促进其正常的生命活动和动作的发展，也会为他们提供各种精神条件，使他们清醒愉悦、积极向上。充足的阳光，新鲜的空气，清洁的水源，合理的膳食，安全的设施等都是影响婴幼儿动作发展的重要自然因素。

在婴幼儿生活的环境中，存在着各种各样的不良刺激，其中既有生理性的，也有心理性的，既有来自自然的，也有来自社会的。不良刺激有的是可以避免的，有的是不能避免的。比如自然方面的不良刺激就不能避免，洪水、地震、火灾、风暴、雷电等突如其来的天灾，对婴幼儿的身心成长可能造成不良的影响，而且会影响他们的一生。不适当的温度、湿度、照明、空间和噪声等刺激的长期作用，会使婴幼儿生理上难以忍受，并影响到其情绪和行为。调查表明，长期高强度的噪声刺激会使婴幼儿大脑皮层兴奋抑制过程失调，条件反射异常，脑血管功能受损，自主神经功能紊乱，产生头痛、耳鸣、心悸、失眠、嗜睡、乏力、智力下降等症状据研究，在生活空间较小的环境中生活的婴幼儿在生活中表现的攻击性行为较多，焦虑水平较高；如果婴幼儿生活或活动的室内气温过高，会使其产生头痛、恶心、多汗、视觉障碍、注意力不集中、烦躁不安、反应迟钝等症状。为此，成人要为婴幼儿的成长营造良好的、安全的生活和活动环境，减少不良的生理性刺激，使婴幼儿身心和谐健康发展。

2. 家庭环境 家庭是婴幼儿早期生活的基本社会环境，也是婴幼儿动作发展的初始环境和基本环境。婴幼儿动作发展与家庭环境存在密切的关系，主要受到家庭教养观念、家庭教养方式以及家庭教养条件的影响。

有研究对动作发展和家庭环境因素的相关性分析发现，婴幼儿动作技能的掌握与家庭养育环境及家长的养育观念密切相关，不科学的养育观念会对婴幼儿动作发展起一定的阻碍作用，丰富的抚养环境、科学的养育观念能促进动作的发展。

此外，观察资料和案例调查显示，部分婴幼儿明显没有经过爬行阶段就直接学会了行走，其主要原因是家庭居住环境空间小，家长为保护婴幼儿的安全，避免伤害，更多的时间把孩子抱在怀里，从而限制了婴幼儿爬行动作的发展。有些家长喜欢常把孩子抱在手中，这样婴幼儿抬头的月份就会延迟。养育和指导孩子动作发展要根据婴幼儿动作发展的水平和顺序，遵循婴幼儿动作发展的规律和特点，过分提前月龄训练可能导致骨骼畸形。例如，生活中婴幼儿坐得太早会造成脊柱后突，站立太早出现“O”形腿和“X”形腿的概率就更大。

婴幼儿的动手能力差的原因，通过分析发现主要有两个方面：其一，现在的家庭基本上都是核心家庭类型，独生子女占很大比例，在家里，父母祖辈过分宠爱，一切动手的事情都是大人一手包办代替，不让孩子有任何动手的机会；其二，现在孩子的父母都忙着工作，很少时间陪孩子，在家里基本都是老人或者保姆照看孩子，这也是隔代教养所引发的对孩子的教养问题：关注孩子的安全和生活照顾，忽略了孩子动手能力的发展。

3. 社会环境 社会环境指的是人类生存及活动范围内的社会物质、精神条件的总和。广义的理解包括整个社会经济文化体系，狭义的是指人类生活的直接环境。婴幼儿动作发展及运动活动受到社会环境的影响。这个和婴幼儿的社会性发展有密切关系。一个对环境很熟悉的幼儿，或许对周边的物质设备环境比较熟悉，或者和自己依恋的人距离很近，就在身边，这种情况下，婴幼儿就会表现出特别活跃的状态，动作活动发展的频率就会很

高，也喜欢和环境产生互动，效果也好。与此相反，若婴幼儿在一个陌生且不熟悉的环境中，其个体活动的频率就很低，动作发展的水平也明显下降。社会性互动的发展水平也因与周围的人、周围的环境交往少而变得缺乏和被动。例如，在狼群中长大的“狼孩”，其学会的动作就是四肢爬行，而不是直立行走。这也说明，婴幼儿个体动作发展的社会环境与社会性发展密切相关。如果在社会环境中，认真观察留意婴幼儿的动作发展，对其某些动作给予特别的发展机会和空间，这样就可以提高婴幼儿在这些典型动作上的发展水平。比如，适当地对婴幼儿进行大肌肉动作训练和手指等精细动作的练习，这样能极大地提高婴幼儿的平衡能力、动作的协调性、灵敏性和柔韧性。这对提高婴幼儿的动作发展及反应能力有显著的效果。

（三）营养和健康

婴幼儿动作发展尽管遵循着共同的发展顺序，体现出发展的规律，但是在婴幼个体之间，其动作发展的差异还是很大的，主要体现在遗传和教养经验、营养的摄入、其他差异以及种族等差异上。随着对婴幼儿动作发展的关注，在动作发展的个体差异方面，营养、疾病和健康等因素的影响越来越受到关注。

营养是婴幼儿运动能力发展的基本保证，热能、蛋白质、钙、铁、锌、镁、铜等是影响动作发展的重要因素。大脑与肌肉的发育与营养有关，营养不良的孩子，尤其严重的营养不良会影响脑的发育，使肌肉无力。营养过剩或者不足会引起相应的病症，而影响婴幼儿动作发育迟缓等。

先天性大脑发育不全、肌肉疾病、脊髓疾病、周围神经疾病都可影响婴幼儿动作的发育。如果满3个月的婴儿双手手指还不能松开取物，4个月左右，尚不能俯卧抬头，6个月的时候还不能独坐很稳，在排除平时缺乏锻炼和练习指导因素后，要考虑疾病因素对婴幼儿动作发育的影响。有的家长认为，婴幼儿的动作发展如果落后，主要是缺钙引起的，因此就积极地给孩子大量补钙。其实只有在出现极为严重的佝偻病时才说明孩子缺钙，而一般的佝偻病婴儿患者，其动作发育并没有明显地落后。例如，由染色体异常而导致的唐氏综合征就会出现颈短，四肢短，韧带松弛，手指粗短，小指节骨发育不良，指骨短等动作发育不良现象。此外，由于遗传的基因缺陷引发的地中海贫血也会出现严重的动作发育迟缓现象。

知识扩展3-2

第二节　婴幼儿家庭运动养育的任务与方法

家庭是婴幼儿成长的第一环境，在婴幼儿没有掌握语言之前，动作是婴幼儿与家长沟通交流的最重要的手段。动作的本身并不是心理，但是动作和心理的发展密不可分，心理的发展是离不开动作和活动的。婴儿动作的发展始于新生儿的无条件反射活动和继而发展起来的条件反射活动。明确而稳定的条件反射的形成是心理发生的标志。动作发展是婴幼儿身心素质全面发展的基础，是家长观察和检测婴幼儿身心发展的窗口，也是婴幼儿身心发展障碍的重要康复手段。因此，家长承担着婴幼儿家庭运动养育的重要任务。

一、婴幼儿家庭运动养育的任务

运动能促进大脑发育，在这个过程中，婴幼儿运动的准确性、灵活性、平衡性不断提高。运动不仅能锻炼婴幼儿的体质与体能，而且可以增进其食欲，保证其睡眠质量，还能够促进血液循环、加速新陈代谢、使骨骼组织供血增加、使骨骼生长发育旺盛。运动还有利于良好个性的培养。无论坐、爬、走、跑、跳等都有可能存在一定的危险性。胆小的孩子不敢玩，敢玩的孩子除了胆大，还有一个很重要的特点，就是自信，探究欲较强，喜欢尝试。婴幼儿家庭运动养育指导的任务在于根据婴幼儿动作发展的特点和规律促进他们反射运动、粗大运动和精细运动的协调性、灵活性发展。

（一）家长要注重婴幼儿反射运动的养育指导

婴儿动作的发展主要集中于行走动作和手的运动技能。婴幼儿个体自出生之日起就有两种身体活动。一种是人类在长期进化过程中遗传下来的一系列的反射动作，如吸吮反射、觅食反射、抓握反射等。这是一种固定的反应活动，是个体对环境中特定刺激物的特定反应。新生儿正是运用了这种反应能力才与陌生的世界取得了最初的平衡。另一种是身体一般性的反应活动，如转头、扭动身体、腿与臂的活动。这是婴幼儿个体自发性的身体活动，既无目的，也无秩序，涉及身体各个部位。正是这种自发性的身体练习活动构成了日后动作发展的基础。

1.新生儿反射运动的重要意义

（1）新生儿的反射具有生存的价值：有些反射，如呼吸反射、营养反射（生长反射）就是一种“生存反射”。生存反射对于人的生存而言，具有根本性的作用。之所以这样说，是因为这种反射与新生儿发现和获得营养有关。吮吸反射是营养反射中最为常见和令人熟悉的反射，通常将物体放入婴儿嘴里，就能很快引起这种反射。

（2）新生儿的反射是一项重要的健康测量指标：正常的生理反射是新生儿身体健康的指标。儿科医生常常采用生理反射测验来评估婴儿，特别是那些有产伤史的婴儿的发育是否正常。有脑损伤经历的婴儿，他们的生理反射可能会减弱或根本没有，有时，他们的一些生理反射又会比正常婴儿强得多。

（3）新生儿的反射是更为复杂的人类行动的基础：婴儿早期的运动技能的发展直接

与婴儿期出现的反射相关。正如学会行走与学会抓握分别是踏步反射和握持反射的延伸一样。因此，新生儿有些反射为更为复杂的人类行动的产生奠定了一定的基础。

（4）新生儿的反射可以帮助建立母婴依恋关系：婴儿的一些先天的反射行为，如抓、握、哭、笑等，会引起母亲对婴儿的兴趣和爱护，通过这种交往，母婴之间的情感联系与接触得到了增强，从而逐渐形成一种母婴依恋的关系。

（5）新生儿的反射使其适应周围环境：与呼吸、吞咽这些动作一样，新生儿的机体反射具有重要的生存价值。如觅食反射可以帮助婴儿寻找妈妈的乳头。从生理机制来看，吸吮动作中包含着复杂的唇和舌的动作，如果我们必须教会新生儿怎样裹奶头、怎样吸奶，婴儿将会饿成什么样子？没有这一自动化的动作，我们人类也根本无法进化到今天。另外，游泳反射等可以帮助那些意外地掉进水里的新生儿免于立即被淹死，从而增加被抢救的机会等。

2. 新生儿反射运动的重要内容 新生儿的反射动作包括原始反射和生存反射。原始反射包括巴宾斯基反射、游泳反射、抓握反射、莫罗反射和踏步反射；生存反射包括眨眼反射、瞳孔反射、觅食反射和吮吸反射等。

（二）家长要重视婴幼儿粗大运动的养育指导

婴幼儿粗大运动的发展主要依托于基本动作的发展，对于婴儿而言，家长在粗大运动的养育指导方面涉及的主要动作是翻身、坐、爬、站立和行走。但是婴幼儿在不同的月龄段，其动作发展的水平和展现的内容是有差异的，具有明显的阶段性和顺序性的特点。粗大动作的发展是婴幼儿家庭运动养育的基础，同时也为婴幼儿身心健康发展奠定基础。因此，重视婴幼儿粗大运动的养育指导是婴幼儿家庭运动养育的重要任务之一。

1. 家长明确婴幼儿粗大动作的发展及表现 婴幼儿时期的动作大部分是被动的，如婴幼儿到五六个月后能坐，7个月后会爬，10个月左右可以站立、准确地取物体、双手或单手操作物体，1岁后能够行走，2岁后可以跑、跳、攀爬、搭建积木、自己拿勺吃饭等。如此快速显著的变化，使得婴幼儿早期发育的动作成为父母最容易、最经常注意到的儿童发展特征。婴幼儿粗大动作的发展呈现出由全身性的、笼统的、散漫的动作向局部的、准确的、专门化的动作发展的规律，其发展的方向从上到下，从中央到四肢，从大到小，与婴幼儿动作发展的总体规律保持一致性。婴幼儿粗大运动的发展主要体现在大肌肉动作的发展，即包括抬头、翻身、坐、爬、站立、行走、上下楼梯、跑、跳、攀登、保持平衡、投掷等基本内容。

抬头是婴幼儿出生后需要学习的第一个大动作。当婴幼儿俯卧时，在每个阶段其表现不一致。当孩子1个月时，无法主动抬头；当孩子2个月时，下颏可以离开床面45°；当孩子3个月时，下颏和肩部可以离开床面45°～90°，当孩子4个月时，其面部可以离开床面90°。

翻身是婴儿出生后的第一个移动手段（图3–1）。学会翻身的时间并不固定，婴儿翻身也会表现出不同的信号。仔细观察发现，当婴幼儿想要翻身的时候，其信号有三：其一，当孩子趴着时，他能够自觉并自如地抬起头，而且头到胸部都能够抬起来；其二，孩子仰卧的时候脚向上扬，或者总是抬起脚摇晃；其三，孩子总是向着一个自己感兴趣的方向侧躺着。

图3–1 婴儿翻身过程

婴幼儿能坐就意味着其骨骼、神经系统、肌肉协调能力等发育渐渐趋于成熟，家长不应让婴儿坐太久，让婴儿长时间坐，会对他的生长发育造成不良影响，因为婴幼儿骨骼柔嫩纤弱，无法承受长时间的坐姿，容易让脊椎侧弯，其血液循环及消化功能受到影响。

爬行对婴幼儿成长发展具有积极的意义，可以促进身体的成长发育，锻炼颈部肌肉，锻炼胳膊及腕的力量，锻炼婴幼儿的协调能力，有益于骨骼及神经器官的发展。家长在指导婴幼儿爬行的时候要多注意婴幼儿的安全和卫生照护，地板打扫干净，铺上席子、地毯或棉垫，家具尖角要用海绵或布包起来，室内电线、插口要绝对安全，窗户应有护栏，或者使床远离窗户。

站立动作的发展主要经历了踏步反射、立位、扶站、扶栏独脚站立等阶段。家长应注意婴儿不宜过早学站立，因为过早站立会导致婴儿脊椎变形、下肢发生弯曲畸形。

婴幼儿学步的时候，应注意家居安全：搬开边角尖锐、带有玻璃的家具或套上桌保护套。除去所有的台布，收纳所有可能被宝宝拿到的危险物品。18个月开始，在家长的帮助下能上下楼梯；接着，很快就可以不用家长的帮助，两步一个台阶地上楼梯；24个月时，能独自上下楼梯；36个月时，上楼可以一步一个台阶，下楼时两步一个台阶。

18个月的孩子行走加快，开始会跑，但跑步还不熟练；24个月时能连续跑5～6米；30个月时跑得较稳，动作较协调，起跑时手的姿势、动作正确，但不能保持到最后，一分钟能跑25～35米；36个月时跑步姿势基本正确，半分钟能跑35～40米。

跳的动作从两足交替走下台阶开始（约18个月），此时也能一脚跨过低障碍物；24

个月时能并足下一级台阶，也能并足往前跳一步及原地跳跃；36个月时能一脚跨过低障碍物；30 ~ 42个月岁时开始能独脚向前连续跳1 ~ 3步。

24个月时，能独自上下77厘米高的攀登架，但动作不够协调；30个月时手脚动作基本协调，能翻过高133厘米的攀登架；36个月时，能先移动脚，后移动手，灵活地翻过高133厘米的攀登架。

18个月时，能模仿家长向后退着走，拾起地上的东西时，自己不跌倒，踢球时能保持身体平衡；24个月时，会独脚站，能够在宽 25 ~ 35厘米的两条平行线中间走，不踩线，并能在家长的帮助下，走过宽18 ~ 20厘米、高12厘米、长2米的平衡木；30个月时，能自己走过平衡木，并能双脚跳下，姿势大部分正确；36个月时，能自己走过平衡木，姿势正确。

18个月起，孩子能举手过肩投掷皮球，投球没有方向，投掷距离也很近。24个月后能投100克重的沙包1米远。36个月能投沙包2.5 ~ 3米远，姿势较前正确。

婴幼儿大肌肉动作发展的年龄特征是：0 ~ 1岁的时候，主要以移动为主；1 ~ 2岁的时候由移动向基本运动技能过渡；2 ~ 3岁的时候，以发展基本运动技能为主，向各种动作均衡发展。选择和设计婴幼儿大肌肉动作的原则：适应与发展原则、循序渐进原则、全面性原则、安全性原则。大动作训练的注意事项：动作训练时要注意上肢下肢同时进行刺激，要随时用表情和语言与婴儿进行沟通，大动作训练应做到时间短，次数多，要做到循序渐进、动静交替、繁简搭配。

2. 家长掌握婴幼儿粗大动作训练的内容 1个月，家长能促进孩子俯卧抬头。孩子出生半个月后，每大让他在两次喂奶间隙俯卧片刻，并用玩具逗引他抬头，每天1次即可，不要时间太长，以免孩子太累。另外，床面也不要太硬，以免使孩子感到不适。

2个月，促使孩子自己将头竖直，训练孩子转头。家长将孩子抱在身上，让他的脸向着前方，另一个人在孩子的背后忽左忽右地伸头、摇铃或呼唤孩子的名字，逗引他左右转头，以增强颈部肌肉的控制力。

3个月，锻炼颈部和胸背肌肉。当孩子用双臂支撑上半身抬头时，家长可将玩具举在孩子头前，左右摇动，吸引他向前、左、右三个方向看，将头抬得更高一些，以锻炼孩子颈部和胸背的肌肉。

5个月，训练孩子来回翻身。如果孩子还不能从仰卧位翻滚到俯卧位，家长可以握住孩子的一侧手臂，轻轻地拉向身体另一侧，以引起翻身动作。同时，用鲜艳、带响的玩具在他一侧摇响，逗引他去取，当孩子想取玩具时，家长将其胳膊轻轻推向有玩具的一方，帮助孩子翻身抓住玩具，在此基础上逐步训练孩子连续翻滚。

6个月，练习扶坐。孩子仰卧，让他的双手一起握住家长的拇指，家长紧握孩子的手腕，另一只手扶孩子头部坐起，再让他躺下，恢复原位。

7个月，练习不用支撑独坐。让孩子坐在硬床上，家长不给支撑，训练其独坐，锻炼孩子的颈、背、腰的肌肉力量。

8个月，训练孩子爬行。可以用孩子喜欢的玩具在前逗引（图3–2）。

10个月，训练孩子站立。可以让孩子扶着婴儿床的栏杆或妈妈用手扶住孩子的腋下，轻轻放手让宝宝寻找平衡感。

11～12个月，练习走路。可以用学步车、学步带，也可以由家长搀扶着走。18～24个月，可以练习孩子在椅子上爬上爬下；也可以锻炼宝宝倒退走，还可以和宝宝玩追人游戏，锻炼宝宝的平衡灵活能力。

图3–2　8个月婴儿爬行

24～36个月，可以让孩子练习用脚尖走路。家长在地上画一条“s”形曲线，让孩子用脚尖在线上走，训练孩子的平衡能力，如果孩子走得好，家长要及时鼓励，让孩子反复做这种练习。此外，还可以练习蹬儿童三轮车，练习上攀登架，投沙包，从楼梯上向下跳等游戏。

（三）家长要重视婴幼儿精细运动的养育指导

精细动作指的是手、眼睛、脸及嘴部肌肉的运动能力。婴幼儿精细动作的发展以手部的动作发展为主。精细动作对孩子智力发展意义重大。生理学的研究证明，人脑功能具有区域性的特点，脑的某个区域侧重某种功能，但是这种分工不是绝对的，不是说某一块区域绝对负责某一种功能，因为还有练习的过程，练习得多区域的功能可能就会加强，如果某方面不训练的话，有些可能就会转到别的功能上，所以分工不是绝对的。在脑的动作神经中枢里，有掌管手运动神经功能的组织，使手运动的时候与大脑相应管理手功能的神经元相联系，因此手指的运动越精巧、越熟练就越能在大脑皮层上进行更多的练习，从而使大脑更聪明，就是我们通常说的心灵手巧。

精细动作的发展顺序：0～6个月应多做抓、握的动作训练；6～12个月多做敲打动作训练；1～2岁婴儿应围绕自己吃饭、穿衣、洗澡等日常行为训练；2～3岁婴儿多做组合玩具、拼图、画画等训练。婴幼儿精细动作的发展，在不同的月龄段，其动作发展的水平和展现的内容是有差异的。家长要明确婴幼儿精细运动发展的阶段性表现。

0～3个月：0～2个月的婴儿，手指虽然有时会伸展，但基本上是握紧拳头。2个时常把自己的手放在眼前细看，或者送进嘴里。3个月时能伸手抓东西，但抓不好。4～6个月：4个月大的婴儿能观察、摸索并抓住悬在胸前的玩具。5个月时能把东西从一只手里换到另一

只手里。6个月时能摔落、扔掷小物体。

7～9个月：7个月大的婴儿能敲击、摇晃发响的玩具。8个月时握物能使用拇指和食指。9个月时能根据物体的特点做各种不同的玩耍，如滚球、从一物件里取出另一物件等。

10～12个月：10个月大的婴儿手指活动更加灵活，能举起奶瓶自己喝奶，会笨拙地使用勺子，能打开抽屉等。11个月时会掌握一些新的动作，如将一个物体放置在另一个物体上，从轴杆上取下圆环，再套上等。12个月时能翻书，但一翻数页。

13～18个月：能准确地将小物件放入瓶中。会用大拇指、食指、中指握笔自由涂题，会一块一块地连接积木，能叠2～3块方积木。能随音乐做动作，但往往不合拍。

19～24个月：会搭6～7块积木且不倒。会一页一页地翻书。逐渐会用杯喝水，用勺吃饭。

25～36个月：会穿脱短袜，会堆8～10块高的积木。能临摹画直线和水平线。会用剪刀剪东西，会扣纽扣、穿珠子、折纸、玩泥。

二、婴幼儿家庭运动养育的方法

婴幼儿动作发展与养育要根据婴幼儿成熟发展的水平做准备，婴幼儿的发展有个体差异性，因此，在婴幼儿动作发展的养育与指导中，要根据婴幼儿动作发展的个体差异性进行指导。婴幼儿的动作发展呈现一定的阶段性和顺序性，如先发展大动作，再发展精细动作。因此在养育和指导方面，要注意把握婴幼儿动作发展的特点及规律，遵循成熟准备原则，注重个体差异原则、顺序性原则、愉悦性原则、适宜性原则和安全性原则。此外，在婴幼儿动作发展的养育与指导中，要注意营造宽松愉悦的环境，要注意安全，指导和养育要科学适宜。常用的婴幼儿家庭运动养育的方法有榜样示范法、生活练习法、亲子游戏法、讲解法、口头指导法和行为帮助法。

（一）榜样示范法

榜样示范法是指家长以身作则，以正确的动作作为范例，使孩子了解动作的形象、结构和要领等。由于婴幼儿以具体形象思维为主，认识和理解事物更多地依赖于生动鲜明的形象，因此，在对婴幼儿进行运动养育时，家长要充分发挥榜样的作用，起到示范带头的作用。根据不同的分类标准，示范可分为正面示范和侧面示范，镜面示范和背面示范，完整示范和分解示范等。家长要根据孩子的具体需要，选择恰当的示范方式。在运用榜样示范法的时候，家长首先要注意榜样的形象，要有明确的目的性，明白要解决的问题。如指导幼儿练习新学习的内容，建立完整的动作概念，需要家长做一次完整的动作示范。有时候也需要动作示范与讲解结合，一边做动作，一边进行讲解。如果是为了巩固和加深某一个关键要领或者某一个环节的话，家长可以放慢速度做局部的慢动作示范。其次，家长在进行示范的时候要正确，力求轻松、愉快和熟练。完美且高质量的动作示范会给孩子留下深刻、鲜明的印象，因此家长要努力做好示范。再次，家长要注意示范的位置和方向，示范的位置和方向必须有助于孩子进行观察，而且要学会综合运用多种示范方法进行指导。

（二）生活练习法

生活练习法是指在日常生活中，家长根据孩子动作发展的实际情况，反复地做某个动作的方法。生活练习法是婴幼儿掌握动作发展，形成基本的活动能力，进行身体锻炼及增强体质的基本方法。家长根据婴幼儿动作发展的阶段特点，有针对地选择用重复练习法、变化练习法、条件练习法、完整练习法和分解练习法。此外，应在日常生活中渗透，在生活中随机进行，巩固正确行为，反复练习。家长可以根据日常生活的安排，将婴幼儿粗大运动与精细运动的发展等家庭运动养育训练渗透在一日生活的细节中。

（三）亲子游戏法

亲子游戏是家庭中家长与孩子之间以亲子感情为基础而进行的一种活动方式。亲子游戏是亲子之间交往的重要形式，目的是增强亲子互动，增进亲子感情。亲子游戏法是借助游戏的方式，在规则许可的范围内，充分调动孩子的主动性和创造性，以达到身体锻炼和动作发展的目的。亲子游戏法主要在于通过游戏吸引孩子的注意力和兴趣。

（四）讲解法

讲解法是生活中家长用语言向婴幼儿传授基本的动作发展、动作练习和动作能力的一种常用的方法。在早期婴幼儿家庭中，家长要注意运用语言等方式结合具体的讲解，具体指导婴幼儿的运动养育。具体做法如下：首先，家长要注意讲解的内容要具体，要符合婴幼儿的接受能力，讲解的内容要正确可靠，家长需要利用生动形象的语言把深奥的东西讲解得浅显易懂。讲解时可借助表情和动作，语言要富有感染力和鼓励性，语言的速度要符合婴幼儿心理的节奏。其次，家长要注意讲解的内容要简明扼要，突出重点，要善于把握重点，语言简练，可结合婴幼儿喜欢的口诀、顺口溜、童谣和儿歌等方式提高家庭运动养育指导的有效性和针对性。

（五）口头指导法

口头指导法是指在婴幼儿练习时，家长运用简单明确的语言提示和指导婴幼儿动作练习的方法。例如，在生活中，婴幼儿练习走路的时候，家长会提醒孩子正确的走姿、跳姿、跑姿等。口头指导法的优点在于明确、具体、及时和有针对性。家长在进行口头指导的时候，要注意语言简单明确，要求具体。在选用语言的时候，要体现婴幼儿自身的特点，用婴儿懂得和熟悉的语言，结合肢体语言对孩子进行指导。家长的声音要温和点，不能太高或者太突然，否则会吓到孩子。

（六）行为帮助法

行为帮助法是指家长直接地、具体地帮助婴幼儿掌握动作的家庭运动养育训练的方法。主要用于孩子在进行某一项具体的动作练习和完成某一项运动的时候，家长对此动作进行强调或者改正。家长在运用行为帮助法的时候首先要注意顺其用力方向给力；其次，要注意站立的位置和给予助力的身体部位；最后助力大小要恰当。

第三节 婴幼儿家庭运动养育指导方法

婴幼儿时期是个体动作产生和发展的关键时期，动作发展是婴幼儿身心发展的重要组成部分，在婴幼儿没有掌握语言之前，动作是婴幼儿认识事物和与人交往的重要手段。尤其是 0～3岁的婴幼儿，即使掌握了一定的简单语言，动作仍然是婴幼儿重要的认知交往的手段。家长在婴幼儿动作发展和家庭运动养育过程中掌握一定的养育指导方法，对于婴幼儿动作发展非常重要。相关的研究认为，婴幼儿动作发展离不开周围环境的影响及成人的指导。婴幼儿早期动作发展的环境主要是家庭，因此，家长对婴幼儿运动养育的指导工作尤为重要。家长有效的指导方法不仅可以促进婴幼儿骨骼发育良好，同时还可以促进其动作持续健康发展，帮助婴幼儿做好身体保健和身体锻炼。婴幼儿的家庭运动养育指导主要从创设家庭运动的微观环境、一日生活中渗透运动养育以及进行亲子运动活动等方面展开。

一、指导家长优化婴幼儿家庭运动养育微环境

“环境”的概念并不局限于孩子在家里所接触的那些静态的物质世界，凡是可以给孩子刺激的都是他的环境：一切物质是他的环境，人也是他的环境。而且人的环境比物的环境更重要。婴幼儿总是在适宜的环境中吸收成长的力量，在探索世界中激发好奇心、启迪智能、发展能力、形成个性的。作为家长，应根据孩子好动、好模仿的心理，创设家庭粗大运动养育和精细运动养育的微环境。微环境的质量在很大程度上决定了婴幼儿运动发展的方向、速度和水平。优化婴幼儿发展的微环境特别是家庭养育微环境是家长和家庭养育工作者最重要、最根本的任务。

（一）指导家长优化婴幼儿粗大运动养育的家庭微环境

婴幼儿成长和发展的微环境，特指那些直接作用于婴幼儿并对其成长和发展的进程产生影响的各种人物、场所和事件的总和。在发展最迅速、最容易受到环境影响的婴幼儿的

动作发展阶段，指导家长及时了解、评估并优化婴幼儿家庭运动养育的微环境的质量，是促进早期婴幼儿运动养育发展的重要任务。

1. 影响家长创设和优化家庭运动养育微环境质量的因素 家庭是婴幼儿出生以后生长的第一环境，家长是婴幼儿动作发展以及运动养育指导的第一任老师。影响家庭运动养育微环境的创设的因素比较多，其中影响较大的是家长的学历水平、文化程度、综合素养以及教养方式。此外，家庭物质环境创设、玩教具图书与用品拥有量、家长与孩子的游戏时间、家长执行养育方案的情况、参加亲子活动的情况等方面，都即将成为家庭微环境质量的重要指标，这些影响因素可以作为优化家庭运动养育指导的微环境的重要参考。

2. 家庭运动养育微环境在创设和优化中面临的问题

（1）家庭运动养育微环境的创设和优化中父亲缺失：已有的调查数据显示，在婴幼儿主要教养人的调查中，父亲作为孩子的家长参与家庭运动养育的比较少，即使有部分家长参与，其中超过半数以上的家长参与孩子运动养育的时间停留在半小时之内。父亲缺失不利于家庭运动养育家庭微环境的创设和优化，不利于孩子完善人格的形成，同时也不利于父亲以后参与家庭养育以及良好的亲子关系和父亲养育影响力的形成。

（2）家庭环境中缺乏良好的生活习惯和运动氛围：充足的睡眠和全面均衡的营养对婴幼儿运动发展至关重要，婴幼儿在睡眠时，脑中的生长激素分泌较多，这些生长激素起着促进骨骼、肌肉、结缔组织和内脏增长的作用。充足的睡眠对婴幼儿脑的发育、脑功能的恢复、记忆力的增强和巩固都有良好的作用。生活中也存在孩子缺乏睡眠时间的现象，同时，家长不良的生活习惯也会影响到孩子的生活习惯及运动习惯的养成，以至于家庭环境中缺乏家庭运动养育的氛围。

3. 指导家长优化和提升家庭运动养育微环境的质量的举措 迪士尼乐园是一个位于美国加州的主题乐园，里面汇集了许多富有趣味的游乐场和游乐馆。这就启发家长在婴幼儿居住的地方创建一个好玩的游戏和活动区，使婴幼儿每一天的活动变得丰富多彩，使婴幼儿的动作在活动中得到锻炼和发展。生活中，家长可以通过创设和优化家庭微环境来促进婴幼儿粗大动作的发展。对于1岁以内的孩子，一般都是以出现五指抓握为主，敲和扔为辅。例如，糊一个大纸船，套在婴儿身上，伴随着音乐模拟划船的情景；把小板凳摆放一排作火车状，婴儿坐在“火车头”，随着“呜”的一声，火车“轰隆隆”地向前开；家长把婴儿放在膝盖上，往下滑至脚背处，上下颤动后，让婴儿攀上膝盖再滑下来。此外，家长可根据家里的实际情况，为婴儿设计各种有趣的爬行游戏，如“钻山洞”，让婴儿从大纸箱底下爬过去；“越盆地”，让他从大澡盆上爬进来，爬出去；“突破封锁线”，让他从堆积高高的被子上过去；“追击目标”，让他去抓取往前滚动的小球。

（二）指导家长优化婴幼儿精细运动养育的家庭微环境

精细运动又叫小肌肉运动或随意运动。精细动作从孩子出生的时候就已经开始了，最

先出现的是无名指和小指的抓握。婴幼儿精细动作的发展主要体现在手部动作上。精细运动和人类的操作、认知和语言的发展有着密切的关系。也就是说，手的精细运动会促进婴幼儿言语能力的发展、认知能力的发展，是孩子一生各项能力发展的重要基础。手部动作的发展以及在此基础上形成的抓握动作和手眼协调的绘画、写字以及生活动作等是婴幼儿精细动作发展能力的总体表现。

因此，家长要注重婴幼儿家庭运动养育微环境的优化。指导家长在日常生活中培训练习，当孩子进餐时，可以给孩子准备一些诸如小馒头、苹果丁、小饼干之类的食品让婴儿学习用拇、食指捏拿物品。熟练之后再准备一些诸如葡萄干、维生素片之类的进行练习。指导家长提供精细动作发展所需要的活动材料。需要注意的是，要提供安全的物品用来看和抓握。此外，指导家长为孩子准备一些纸，让孩子练习撕纸。还可以准备积木、套环之类的玩具，让他通过搭积木和玩套环玩具锻炼手眼协调能力。

总体而言，婴幼儿家庭运动养育微环境的创设主要做到以下三点：其一，强调家长要注重优化婴幼儿发展的个性化的微环境，这种做法实则是在尊重婴幼儿发展的一般规律的基础上，强调尊重婴幼儿发展的特殊规律的体现，以避免在保健和养育实施过程的“一刀切”现象，真正做到因人而异，因材施教。其二，家长要注意创设适宜互动的婴幼儿动作发展的家庭微环境，因为孩子不是被动地接受微环境的影响，而是具有主动选择环境的能力和倾向，因此，适合婴幼儿动作发展的家庭微环境应当是适宜的、互动的微环境。其三，家长要注重婴幼儿动作发展的微环境的优化，具体表现在婴幼儿动作发展目标的最优化，婴幼儿发展过程的最优化以及发展结果的最优化。

二、促进家长在日常生活中渗透婴幼儿家庭运动养育

“生活即养育”是陶行知生活养育理论的核心。生活具有养育的意义，养育脱离不开生活。婴幼儿动作发展与指导可以渗透在日常生活中，在日常练习过程中，运动养育内容丰富多彩，贯穿于儿童生活的点点滴滴。日常生活的每个环节几乎均可用来对婴幼儿进行家庭运动养育。

（一）指导家长帮助婴幼儿养成良好的生活运动习惯

运动能促进孩子的身体发育，增强体质，充分显示出儿童旺盛的生命力和天真活泼的精神状态。不仅如此，运动锻炼还积极地促进着孩子的智力提升、自我意识的发展和心理健康。家长要注意在日常生活中帮助孩子养成良好的生活运动习惯。

一些运动项目虽然需要专门的时间和场地，但是还有很多运动要在日常生活中进行，尤其对婴幼儿来说，运动不仅指身体大肌肉运动，还包括手指等小肌肉运动，小肌肉精细动作最适合在生活中锻炼。很多生活环节，大人不要包办代替，不要怕孩子做不好，放

手让孩子尝试，都是锻炼的好机会。例如，让婴幼儿为家长拿小件物件、拿托盘或篮子、拿椅子、放椅子、搬桌子、取工作垫、拿空的水壶、端盛满水的水壶、安全地拿剪刀、安全地搬运玻璃容器、把椅子归位、卷工作毯或工作垫、叠工作毯或布料、穿工作服或围裙等。

（二）指导家长掌握婴幼儿运动养育的方法

合理安排运动量。根据孩子的年龄和身体素质现状，选择合适的运动量。开始运动的时候，可以运动量小一些，慢慢把握孩子的体能特点，日后逐渐增加。运动锻炼游戏化，不要把运动锻炼当成单调的技能训练，这样根本调动不了孩子的积极性。运动锻炼游戏化才能吸引孩子的兴趣，孩子才会跟父母积极配合，这一点对幼儿很重要。为此，父母要常常编造一些情境和故事，这样孩子才能放松地在游戏中得到锻炼。带孩子到一些休闲娱乐场合玩些大型器械也是促进孩子身体运动的好办法，只是要注意为孩子做好周边的安全保护。选择适宜的运动项目，以身体练习为主，诸如爬、跑、跳等基本动作。

三、帮助家长掌握亲子运动养育活动的技巧

婴幼儿动作的发展具有阶段性、规律性、个体差异性的特点。在遵循一般婴幼儿动作发展规律的基础上，在对婴幼儿进行指导、监护和保育的过程中，养育工作者和监护者还要在其发展的关键期进行适当的刺激和正确的引导。通过细心观察、因材施教、有针对性地进行个别辅导和指导，促进其动作发展，使其潜能得到充分发挥。

（一）指导家长掌握亲子游戏活动的基本方法

婴幼儿的智能在他的手指上，手不仅是运动器官，而且是智能器官。正所谓心灵手巧。精细动作就是婴幼儿运用手，尤其是手指进行操作，而这种能力的本质就是手——眼——脑的协调能力。3岁前是婴幼儿精细动作能力发展极为迅速的时期。良好的操作能力是一种基本的素质，是学习任何一种特殊技能的前提条件。操作能力的高低往往决定婴幼儿将来学习某种技能的快慢、准确性与牢固程度以及能够到达的水平。

亲子游戏是婴幼儿家庭运动养育指导的催化剂，可指导家长发展婴幼儿大肌肉群的协调性及力量。用玩具循序渐进地引导婴儿进行爬的练习，可结合语言引导，可将玩具放置在不同的位置，逐渐由近及远，不断增加爬的次数和长度。爬的游戏：2～6个月时，在孩子的前方放置一些图书、色彩鲜艳的玩具、会爬行的布娃娃等，父母用双手推孩子的脚，帮助幼儿向前爬动；手指的游戏：父母握住孩子的手指，边说边指出布娃娃的眼睛、鼻子、嘴巴；和孩子一起念儿歌，如五指歌，家长可以和婴儿一边念一边指手指。在遵循孩子身心特点的基础上，父母和孩子一起开展各种活动，成为孩子的玩耍伙伴，在各种游戏

活动中使婴幼儿的动作得到锻炼，使婴幼儿在生命的起跑线上迈出成功的一步。

（二）指导家长掌握亲子互动的基本方法

亲子互动是家长开展家庭运动养育的重要形式。通过亲子互动，不仅可以增进感情，建立良好的亲子关系，同时为开展家庭运动养育提供了具体的形式。新生儿的反射能力及对人脸的敏感性很强，特别是母亲的笑脸，母亲每天要通过微笑、动作面对婴儿，如在喂奶、换尿布的过程中与新生儿“交流”。因此，母子之间要早接触。接触、多抚摸、多交流，如轻拍、搂抱等。动作评价：眼睛追踪物体运动，对母亲的笑和动作敏感。亲子互动中（根据不同年龄段孩子的特点逐渐增加内容），家长为孩子做手指按摩操、背部按摩操、全身按摩操等，手法要轻柔，并注意节奏，以加强婴儿的感知。

（三）指导家长掌握开展亲子操的基本方法

亲子操是婴幼儿家庭运动养育指导的重要平台。婴儿体操大致分为婴儿被动体操和婴儿主被动操两类。婴儿被动体操是婴儿体格锻炼的重要方式，能促进婴儿基本动作的发展。通过婴儿被动体操，可以增强婴儿骨骼与肌肉的发育，促进新陈代谢，稳定情绪，改善睡眠；增进亲子感情，促进智力发育；增强免疫力，预防疾病。婴儿被动体操是完全在成人的帮助下完成，适于0～6个月的婴儿。婴儿在做操的过程中，其动作完全由成人来操纵和控制，婴儿处于被动状态。成人帮助婴儿的手臂、腿脚等部位做伸展、扩胸、抬举等动作，同时，可以增加适度的按摩动作。婴儿主被动操适用于7～12个月的婴儿，是在成人的适当扶持下，加入婴儿的部分主动动作来完成的。婴儿主被动操的动作主要有锻炼四肢肌肉关节的上下肢运动，锻炼腹肌、腰肌以及脊柱的桥形运动、拾物运动，为站立和行走做准备的立起、扶腋步行、双脚跳跃等动作。婴儿每天进行主被动操的训练可活动全身的肌肉关节，为爬行、站立和行走打下基础。

讨论与思考

1.简述婴幼儿动作发展的规律。

2.婴幼儿家庭运动养育的方法有哪些？

3.请根据婴幼儿操创编的原则和方法，创编一套婴幼儿操（要求：内容不限，要具备名称、适合年龄、目标、准备、时间、注意事项、具体过程等）。

扫码看本章PPT

（赵　莹）

第四章 婴幼儿家庭认知养育与指导

1.识记认知的相关概念。

2.理解婴幼儿认知发展的整体特点。

3.认识婴幼儿家庭认知养育的任务。

4.掌握婴幼儿家庭认知养育的方法。

5.分析婴幼儿认知发展的特点和规律，运用相关指导方法帮助家长正确开展婴幼儿家庭认知养育。

情景导入

2岁8个月的壮壮总有些出其不意的举动。某天，壮壮看见爸爸喝水，走过来说："我要喝水，要喝大杯子里的水。"边说边吃力地端起水杯，水洒到了桌上，爸爸瞪着她："你干什么？"语气有点重。壮壮小嘴一瘪，哇的一声哭出来，"我想倒进盖里喝水。"看见壮壮委屈的样子，壮壮妈妈赶紧过来安慰。

请思考：结合壮壮的实际情况，怎样对壮壮爸爸进行家庭认知养育？

第一节 婴幼儿认知发展的特点

认知，即为认识，是一种心理过程或者心理活动，是对作用于人的感觉器官的外界事物进行信息加工的过程。简而言之，认知就是人认识客观世界的活动，常用"认知活动"来表述认知。它包括知觉、感觉、记忆、思维、想象、语言等心理现象。人类个体的认知是在其出生以后开始发生和发展的，0～3岁是婴幼儿认知发展的最早阶段，也是关键阶段，婴幼儿在与环境相互作用的过程中不断发展自身认知能力。

一、婴幼儿认知发展概况

（一）婴幼儿认知的萌芽

新生儿并不像以前曾经认为的那样完全无能，他们一出生就具有一些与生俱来的反射活动，如觅食反射、吸吮反射等，这是他们防御外来伤害和维持生存的基本功能。他们出生不久，就表现出一定的感觉能力，甚至还有感觉和运动之间的初步协调，比如能将头转向声源方向，用头部和眼睛去追随在垂直于视线的平面上缓慢运动着的鲜明物体；他们还逐步形成与成人之间的目光交流。但是，新生儿的这一类活动具有原始、粗糙、不协调的特点，而且很不稳定，具体表现为：新生儿的运动带有冲动的性质，不能保持连续和平稳，呈跳跃式的前进过程；能进行反应或与之交往的客观事物只限于和他的身体非常邻近或者直接接触的当前的事物；对新生儿来说，似乎还不存在一个相对稳定的自我和相对稳定的客观世界。新生儿的这些活动尽管还不是名副其实的认知活动，但构成了认知活动十分必要的基础，个体认知的发生及其以后的发展都以这个作为最初的依据。

（二）婴幼儿认知结构的发展

新生儿以与生俱来的活动本领与客观环境进行交往，在交往过程中逐渐形成一种自己的认知结构。这是一种整体的有组织的活动系统，它凝聚着新生儿已有的活动经验，并随着经验的积累而不断完善。婴幼儿接受新的信息时，就将它纳入这个已有的系统进行加工，同时也适当改变已有的系统以适应新情境。皮亚杰借用生物学的概念把后者称为顺应，把前者称为同化，婴幼儿的认知结构就在这两个方面矛盾统一的运动变化中不断向前发展。在婴儿期，这种认知结构表现为由各种活动成分互相联结并组成先后序列的一个整体。它主要是由运动和感觉组成，所以叫运动感觉性认知结构。比如，婴儿的吸吮活动随着反复运用而不断完善和协调。

婴幼儿对客观世界的认知随其认知结构的发展而不断前进。认知以相对稳定的认知对象存在为前提，婴幼儿对客观世界的这种相对不变性的了解也经历一个持续发展的过程。对于半岁以下的婴儿，客体只有在被他们所感知的时候才存在，否则就消失了似的。比如，他们正在玩一个玩具，一旦玩具被掩盖起来或掉在地面上，他们就不去寻找原来的玩具，转而注意其他事物，并不表现出任何惊愕的表情。这就是说，他们还不知道客体是永久存在的、不因人们是否感知它为转移。到2岁左右，他们才逐步形成客体的认知，也逐步发展其关于客体永久性的概念，并有了知觉的恒常性，比如认知到客体的形状、大小不因其他条件的变化而变化。在幼儿期，他们已经知道事物的质的不变性，如知道客体虽有外形上的改变，但仍然是原来的客体。但此时还存在量的不变性问题，有待在发展的过程中去解决。比如，婴幼儿对数的概念在早期是不稳定的，同一数量的客体，在排列稀疏时就被认为较多，对他们来说，似乎客体的数目是因客体的不同知觉形象而改变的。只有到3岁以后，才有了比较稳定的数的概念，不受这类知觉因素的干扰。对于其他可以量度的事物，如体积、质量、长度等，情况也是如此。这就是说，童年期之后，才能具有量的不变性认识，才能透过所感知的现象把握事物的真实，皮亚杰把它称作量的守恒。

（三）婴幼儿认知发展的动因

认知发展随婴幼儿年龄的成长而表现为先后连续的阶段，从一个阶段过渡到下一阶段就标志着发展过程中质的改变。这主要是因为：人的机体特别是人脑是心理和认知的物质基础，它的成长过程必然以某种形式反映在认知的发展中，在很大程度上制约认知的发展。另一方面，认知及其发展是在周围环境与个体的交互作用中实现的，客观世界是认知的本源，环境和养育在认知发展中起着决定性的作用。所以，认知发展的阶段又不是绝对地依存于儿童年龄的成长；认知发展的某个阶段出现的早晚在一定程度上也存在着个体差异。处于不同文化养育背景下的儿童，其认知发展水平有明显的差异；而处于同一文化养育背景下的异民族或同民族同龄儿童之间，认知发展无显著差异。这表明养育有着广阔的天地，可以在很大程度上促进儿童认知的发展。不过养育的作用总是依存于它在多大程度上符合认知发展的内在规律性。认知发展的阶段是不能超越的。

（四）婴幼儿认知程度的深入

认知发展由认识事物的表面现象逐步达到认识事物的实质，具有由浅入深的特点。即使在婴儿期，婴儿也逐步以表象的形式把自己直接经历过的事物储存下来。2岁左右的幼儿观察了年长儿童的游戏，过了一段时间（比如两天），仍能相当准确地进行延期模仿。婴儿的客体永久性的概念、幼儿关于质的不变性概念、童年期关于量的不变性的概念以及青少年的逻辑命题概念，都是超越了感知的界限而达到对客观事物实质的不同水平的认识。此外，随着婴幼儿的成长，他们还逐步认识了客观事物之间的关系。幼儿已能了解所观察的事物之间的共变关系和简单的函数关系。

（五）婴幼儿认识范围的扩展

婴幼儿的认知首先是以其自身作为参照物和出发点，然后随着自身的发展进程逐步由近及远地扩展其范围。新生儿所接触的世界只是一个十分狭小的范围，对他们来说，世界便是自我，他们甚至还没有将自己同客观环境分开来。在婴儿期，认知到自己只是客体的一员，认知世界的范围有所扩大，逐步有了客体永久性的认识。幼儿期，幼儿可以根据自己直接经历的事物去认识那些间接的事物，还不能把自己的观点同年长者的观点分化开来，认知范围还是有限的。只有到了童年期，这些问题才能得到有效解决。但即使成长到少年期以后，其认知范围仍然有相对的局限性。皮亚杰将儿童认知发展的这种逐步扩大范围、由近及远的自我进程解释为自我中心和去中心化交替过程。就所认知的对象来说，幼

儿往往把注意集中于周围环境中比较鲜明的、突出的因素，而忽视其他因素，从而导致推断错误。比如将一杯水从一个容器倒入另一个较细较高的容器中，幼儿往往单纯地根据液面比原来升高而认为液体的体积有所增大；到了童年期，他才能既注意液面的升高又注意液体横断面的缩小，得出液体体积未变的结论。同样，幼儿在时间上往往不考虑在此前和以后的变化，只注意当前的事物等。所有这一类现象，也是一种以自我为中心到去中心化的发展，不过作为认知的中心不是儿童的自我，而是客观世界中的空间或时间的某一部分或某一点。

（六）婴幼儿的信息加工容量的增加

随着婴幼儿的成长，其信息加工容量也日益增加，是婴幼儿认知发展中的另一个显著的变化。如4～5个月的婴儿，信息加工容量十分有限，只能认识自己能直接感知的物体。如正在玩的摇铃掉地上了，就转而盯着旋转的床铃，不去看摇铃，好像摇铃自然消失了一般，不会因为失去玩具而难过。而从6个月到2岁，婴幼儿逐渐认识到物体的永久性。他们能同时加工的信息容量增多，开始知道床上的洋娃娃就是她白天在沙发上玩的。随着信息加工容量的增多，婴幼儿也逐步积累了解决问题的经验，熟悉问题的情境，能采取较好的信息加工方法，并利用有助于记忆和注意的办法，加快信息加工速度。在安排自己注意的事物、组织问题的材料方面，婴幼儿也随着年龄增长逐渐学会了采取较为灵活、较为适合任务的方式，以利于解决问题。

二、婴幼儿认知发展的整体特点

婴幼儿认知发展的特点与成人不同。婴幼儿出生后就开始了认识世界的各种活动，认知发展随时间推移，个体获取知识和解决问题的能力也在不断发生变化。任何人都不是“生而知之”，当一个人来到这个世界的那一刻，便开始与他人交往，与客观环境接触，其认知能力随身体生长而逐步发展，经历了阶段性的渐进过程，呈现出以下特点。

（一）认知在逐渐形成中

前面提到新生儿开始的一些行为并不是认知，到了2岁左右才具备完整的认知过程。最初，婴幼儿只有简单的记忆与注意和感知觉。1岁左右的婴幼儿才开始出现思维和想象，各种认知现象都是在0～3岁间逐步形成的。

婴幼儿对世界的认知是从感知觉开始的，包括听觉、视觉、嗅觉、味觉等。起初，婴幼儿会听、会看、会闻、会尝，喜欢听柔和的声音，看鲜艳的物体，特别喜欢妈妈的怀抱。在出生后的2～3周，在感知觉发展的基础上，当婴幼儿的听觉和视觉集中的时候。注意一般出现了，如婴幼儿会安静地听妈妈唱的摇篮曲，会盯着妈妈的脸看一会，当婴幼儿能辨认不熟悉和熟悉的声音的时候，最初的记忆也就出现了。比如，连续给婴幼儿哼唱几遍摇篮曲后，他不再有反应，当给他唱别的歌曲时，他重新和妈妈互动，这说明他能记住之前的声音。1～2岁半之间，幼儿开始发生想象，比如幼儿会拿着一个玩具当成蛋糕，做出要吃状，和大人玩游戏。同时，思维也在这时出现，这一阶段的幼儿有了简单的推理和概括，但抓不住本质。比如，会区别男婴幼儿和女婴幼儿，叫他说出原因，他只会简单地推理女婴幼儿是长头发，男婴幼儿是短头发。因而，可以说3岁前婴幼儿的认知过程已经基本形成，日后将伴随年龄的增长而发展。

（二）认知伴随动作发生

人的日常活动大致可以分为操作活动（即平常所说的动作）和认知活动。婴幼儿的各种活动没有完全分化，他的操作活动和认知活动是不可分离、紧密相连的。具体表现如下：一方面，婴幼儿的认知活动必须依靠动作。比如，婴幼儿吸奶时，轻轻抚摸他的后脑勺，他会有一种舒适感，便积极地用力吸吮，仿佛得到妈妈的鼓励；比如婴儿不能抓住挂在床上的床铃，当手眼协调时，就能够抓住看见的床铃，由此他对世界的认知向前一步发展；半岁左右的婴儿，不再像过去那样大把抓东西，开始了手指分工，能够用大拇指和其他四指相配合起来拿东西，这些动作的发展，让婴幼儿意识到抓、握床铃和拿捏摇铃的动作不一样，进而学会认识物体的性状与特点。随着婴幼儿步入坐、爬、站、走的每一个阶段，他的认知能力不断得到提升。3岁前的婴幼儿，总是通过口尝、手摸等方式直接接触物体，去获得认知。另一方面，婴幼儿的认知活动要通过动作来表现。掌握了语言的成人可以用语言表达自己的认知活动。但是，婴幼儿的语言还在发展中，不能通过语言准确表达自己的认知，需要借助动作来实现。比如，婴幼儿饿了，会通过手脚挥动、啼哭的方式表达自己喝奶的需求：2岁左右的幼儿吃饭时，问他问题，他会放下餐具，用各种动作辅助回答。

（三）认知发展以无意性为主

婴幼儿有意性的认知活动还没开始，以无意性认知为主。婴幼儿的注意不是主动地注意某种事物，而是被动地受外界事物的吸引，一般是无意性的注意。比如鲜艳的颜色容易引起婴幼儿的注意，所以婴幼儿往往喜欢色彩鲜艳的玩具，而不是玩具本身。春天，带婴幼儿在花园观察嫩绿的树叶，但是婴幼儿常被树上的小鸟吸引；婴幼儿的记忆也是无意性的，具体形象、鲜明、规律性强和节奏感明显的事物容易被婴幼儿记住。比如，3岁以下婴幼儿的书本通常是插画式的图书，生动有趣的画面通常能给婴幼儿留下深刻印象；婴幼儿唱歌通常记住的是音调，然后是歌词。

第二节　婴幼儿家庭认知养育的任务与方法

一、婴幼儿家庭认知养育的任务

婴幼儿家庭认知养育的主要任务是，激发婴幼儿的认知兴趣，发展婴幼儿的感知能力，丰富婴幼儿的生活常识，培养婴幼儿的观察能力、想象能力、注意能力、记忆能力、思维能力等，提高整体认知能力。

（一）激发婴幼儿的认知兴趣

兴趣反映着个体对客观事物积极的认知倾向，推动婴幼儿自主探索、主动认知、大胆表现，是婴幼儿认知、探索的动力。但是，0～3岁的婴幼儿活泼好动，注意容易转移，坚持性较差，对自己喜欢的活动，他们常常表现得非常主动积极，并能够长时间专注地参与活动中；相反，对无兴趣的活动，他们往往很难或不能进入状态，探索也就无从谈起。因此，家长应该特别关注孩子的兴趣，并迎合孩子的兴趣，以充分调动孩子参与认知活动的积极性；同时，还要注意激发孩子的新兴趣，引导孩子参与多种认知活动，促进孩子多方面的认知发展。比如，孩子喜欢小鸟，家长可以带孩子去郊外的花鸟市场近距离观察，引导孩子注意观察各种鸟的羽毛颜色、爱吃的食物、如何进食、生活习性等，并引导孩子思考小鸟的生活习性，羽毛颜色和声音特点等。同时，家长还可以引导孩子去关注其他动物：小鸟和小鸡有什么区别？鸟类都有哪些好朋友？可以带孩子去动物园找一找、看一看，引发孩子对其他小动物产生兴趣。家长应该特别注重利用周围的各种资源，为孩子提供一个富于变化、丰富多样的认知环境，满足孩子的自发探索的需要和好奇心，因势利导地激发和培养幼儿多层面、多角度的认知兴趣，另外，家长要为孩子做好榜样，家长的认知态度对孩子的认知兴趣也有很大的影响，家长喜爱探索、热爱学习，孩子在潜移默化中对外界也会产生很大兴趣，所以父母要善于给孩子创造一个良好的认知氛围。

（二）丰富婴幼儿的知识储备

婴幼儿期是个体认知能力快速发展的时期，也是知识储备迅速增长的黄金时期。实践证明，婴幼儿对自己生活的环境认识越多，探索欲望就越高，自信心就越强，对周围环境的感知能力、理解能力、判断能力、分析能力也就越强。因此，家长应因地制宜、因势利导，创造一切条件带领孩子认识周围的自然环境和社会环境，丰富孩子的知识，扩大孩子的眼界。家长可以引导孩子观察周围的自然环境，认识简单的自然现象，如阴晴风雨、白天黑夜、四季变化；认识常见的动植物，如花草树木、鸟兽鱼虫、水果蔬菜、各类庄稼作物等。家长还可以引导孩子进行社会常识方面的认知，如家附近的公园、书店、游乐场、商场，最常用的交通工具以及日常生活用品等。在认知过程中，家长除了引导孩子倾听、观察之外，还要尽量引导他们亲自动手感知。同时要注重语言交流，启发孩子多思考、多提问：“为什么花生不是水果呢？为什么飞机会在天上飞呢？大米是从哪里长出来的？”多数孩子都喜欢提问，这是丰富孩子知识储备、激发孩子认知兴趣的好机会，家长要耐心地给予解答。如果家长不能解答相关问题，可以和孩子一起寻找答案，帮助孩子找到解决问题的方法，在寻找答案的过程中也增进了亲子感情。

（三）发展婴幼儿的认知能力

家长丰富婴幼儿知识储备的目的不仅是为了学习，而是在学习知识的过程中不断发展他们的认知能力，引导婴幼儿在已有认知能力的基础上主动自觉地学习新知识，进一步增强认知能力，实现知识与能力之间的良好互动。因此，家长在向婴幼儿传授知识时，要引导婴幼儿把看到的各种事物比一比，看有什么不同之处和相同之处？启发婴幼儿多思考。婴幼儿时时参与日常生活，对日常生活中的事物最好理解、最熟悉、最容易接受，所以，家长应该注意日常生活中的认知养育，在日常生活中扩大婴幼儿的认知范围、培养婴幼儿的认知兴趣、发展婴幼儿的认知能力。比如，婴幼儿比较喜欢玩富于变化的食物，那么在做馒头的时候，家长就可以引导婴幼儿逐步仔细观察：加多少面粉，放多少水，如何把面粉和水调在一起，如何揉面等，在此过程中，家长可以给婴幼儿一块小面团，让婴幼儿自己在自由练习的过程中发展注意力、想象力、记忆力、观察力等。家长还可以充分利用自然资源，把婴幼儿带到大自然中去，通过与大自然互动，发展婴幼儿的认知能力。比如，在风和日丽的日子，家长可以带婴幼儿去郊游，那么郊游的过程是家人身心放松的过程，也是增加婴幼儿知识储存、发展孩子认知能力的过程。家长还可以抽时间与孩子做智力游戏，如说反义词、猜谜语等，在游戏中不知不觉地发展和提高孩子的认知能力。

二、婴幼儿家庭认知养育的方法

婴幼儿的认知发展除了先天遗传的影响外，主要的外部影响因素是家庭养育和家庭环境。因此家长要创设温馨、和谐的家庭环境，采取积极的认知养育方法促进婴幼儿认知的良性发展，父母可以从以下几个方面入手。

（一）讲解法

对婴幼儿实施的讲解法主要是用口头语言对一些简单的知识和道理进行生动的解释，使婴幼儿了解“是什么、怎么样、为什么”之类的问题的一种方法。讲解法可以快速传递知识，拓宽婴幼儿的视野，启发思考。但是要运用好这一方法，家长需要拥有丰富的知识

储备，具有一定的养育能力，捕捉各种养育契机，能在生活中循循善诱，给孩子启发与收获。例如，妈妈刚买回一只小狗，孩子饶有兴趣地在旁观察。这时，妈妈就可以与孩子交流："你觉得小狗有什么特别的地方？""它为什么长有尾巴？""小狗和小猫有什么不同？""小狗主要吃哪些食物？"孩子在妈妈的讲解中丰富了对小狗的体验和认知，产生思考与联想，培养了观察能力，认知收益颇高。

（二）感知体验法

新生儿主要靠感官（口、眼、手、耳、鼻、体肤）认识周围世界，但到了婴幼儿时期他们不仅有了相当的观察、记忆能力，而且思维能力和想象能力也得到大大提升，但婴幼儿的认知依赖于具体行动，只有根据自己的直接感知和动作丰富认知，理解事物。因此，父母应注意对婴幼儿提供感知不同环境、不同事物的机会，促使婴幼儿与环境多向互动，让婴幼儿自己实践感知，多操作、多动手，通过、摸一摸、闻一闻、听一听等方式，在做中学，在玩中学，在乐中学，不断丰富他们对事物的基本特征和基本性质的认识。例如，父母在教幼儿认识图形的时候，可以让幼儿自己通过动手操作制作图形，或是让孩子在生活中辨认与发现多种图形。

（三）模仿示范法

模仿是指通过仿效和观察其他个体的行为而改进自身技能和学会新技能的方法，是社会学习的重要形式之一。婴幼儿的语言、动作、品质、技能以及行为习惯等的形成和发展都离不开模仿。新生儿就已经具有模仿能力了，模仿的是噘起嘴、张开嘴，或者是在嘴里动舌头。随着大脑的逐渐发育，婴幼儿能够通过有意识的模仿习得新的行为、技能，以促进其认知的发展。婴幼儿能够通过观察他人，模仿一些新的行为并进行自我创新。比如，婴幼儿通过模仿成人的语言并进行创新和迁移新的词汇。

（四）亲子游戏法

家长与婴幼儿一起在家庭中开展适宜的亲子游戏可以增强婴幼儿的认知能力，提升婴幼儿的认知水平的同时，还有利于增强亲子感情。家长可以根据婴幼儿认知发展特点和已有的基础设计选择相关游戏，对婴幼儿认知发展进行专项训练，有针对性地促进婴幼儿记忆、感知、注意、思维和想象能力的发展。如为了提高婴幼儿感知觉发展，促进婴幼儿感觉统合能力的提高，家长可以用浴巾与婴幼儿玩裹粽子、荡秋千、钻山洞等游戏。而为了提高婴幼儿的想象力，家长可以与婴幼儿玩猜一猜，吹一吹的游戏，即随意将带颜色的水沾染、泼洒或者涂写在纸上，让孩子想象这是什么图形，孩子也可以用手、画笔等进行描绘，变出各种新的图形。

第三节 婴幼儿家庭认知养育指导方法

婴幼儿认知的发展具体包括感知觉、记忆、注意、想象、思维的发展，以下分别从这几个方面来提出详细的家庭认知养育指导方法。

一、感知觉发展的家庭指导方法

感知觉是婴幼儿认知的起点，是婴幼儿认识世界的主要方式。感觉就是人脑对直接作用于感觉器官的客观事物的个别属性的反映，而知觉是人脑对直接作用于感觉器官的客观事物的整体反映，感觉是知觉形成的基础。比如一个苹果，我们从视觉上看到它的形状是圆圆的，颜色是橘红的；从触觉上摸到它是光滑、冰凉的；从嗅觉上闻到它的气味香香的；从味觉上尝到它的味道是酸酸甜甜的等，像这种我们通过感觉器官（眼、身、鼻、舌）对这个水果的这些个别属性的反应就是感觉。当我们获得这个水果的各种个别属性后，我们就判断出它是一个苹果而不是香蕉或者猕猴桃，这种对事物的整体反应就是知觉。感觉包括视觉、触觉、听觉、嗅觉、味觉，知觉包括形状知觉、距离知觉、方位知觉、大小知觉以及时间知觉。以下分别从这几个方面提出促进婴幼儿感知觉发展的家庭指导方法。

（一）视觉发展的家庭指导方法

指导家长开展家庭认知养育可以从视觉训练指导入手，指导者要系统地为家长讲解视觉训练的原因、方法和技巧，提高家长有方法、有目的地实施视觉训练的能力，指导家长系统地训练婴幼儿的视觉集中能力，对物体的追视能力，对物体大小、形状、颜色的辨别能力，对声音距离准确估量的能力和眼手协调能力，促进婴幼儿视觉的发展。

1. 指导家长训练婴幼儿视觉集中的能力和对事物的追视能力 视觉集中和视觉追视能力需要从新生儿期就开始训练。指导者可建议家长在距新生儿眼睛约60厘米的地方悬挂一些色彩鲜艳的气球，并注意定时调整方位，训练婴幼儿把目光集中在某一物体上的能力。训练追视能力可用颜色鲜艳、能运动、有声音的物体吸引婴幼儿的注意，训练他们用目光追视物体并随物体的移动而移动，也可跟婴幼儿玩“藏猫猫”的游戏，即大人用衣物或毛巾遮住脸，或是躲在他人身后，让婴幼儿追视寻找。

2. 指导家长训练婴幼儿区分颜色、形状和大小的能力 指导家长平时注意让婴幼儿多接触各种颜色的物品，如有意识地让婴幼儿看各种颜色的图画、报纸及其他有颜色的物体。在婴幼儿接触各种色彩的过程中，家长用语言讲述各种色彩的名称，以词语强化婴幼儿对色彩的分辨能力。例如，指导者可告知家长给婴幼儿某一玩具，或教婴幼儿认识某一

事物时，强调让他记住不同事物的颜色、大小、形状的特点，然后与别的事物加以比较，分析它们的差异等。这样婴幼儿养成了习惯，积累了经验，辨别能力自然会得到提高。

3. 指导家长训练婴幼儿准确地估量空间距离　婴幼儿判断物体距离远近的水平很低。我们常常可以见到婴幼儿伸手抓一件距他很远、用手根本够不着的东西，这是由于他不能准确估量物体空间距离的缘故。对此，指导者要提醒家长注意为婴幼儿提供各种距离的玩具或物体，让他能够触摸各种不同距离上的玩具，在实际生活中学习掌握物体之间的距离并且逐步准确化。

（二）听觉发展的家庭指导方法

指导者指导家长促进婴幼儿听觉发展的方法主要是指导家长通过训练婴幼儿对语言的分辨能力、对声音的分辨能力以及对方位的听觉分辨能力来促进其听觉的发展。

1. 指导家长训练婴幼儿对语言的分辨能力　指导者应指导家长经常让婴幼儿听一些儿歌、童话故事、古诗朗诵、戏剧人物对话等，让婴幼儿在潜移默化中提高语言的分辨能力。也可通过充满感情色彩、富于变化的语调给婴幼儿讲故事，教婴幼儿背儿歌，并告知家长让婴幼儿模仿复述，有计划、有目的地用和蔼亲切，或抑郁悲伤，或欢乐愉悦，或严肃的语言跟婴幼儿讲话，让婴幼儿体验领会各种语言的感情色彩，提高婴幼儿的语言分辨能力。

2. 指导家长训练婴幼儿的声音分辨能力　指导者可指导家长用手机把各种声音，如汽笛声、雷雨声、车铃声、鸡鸣犬叫声等收录下来放给婴幼儿听，并在录音或播放时用简单易懂的语言加以说明，让婴幼儿学习辨别各种声音。还可让婴幼儿通过模仿进行辨音强化训练，从而逐步训练婴幼儿对声音的分辨能力。此外，指导者还应告知家长要让婴幼儿多进行户外活动，在大自然中去识别、接触各种声音。

3. 指导家长训练婴幼儿的方位听觉　日常生活中，指导者可告知家长在不同的方位，离婴幼儿远近不同的距离呼唤婴幼儿的名字，跟他说话，引起他的注意，让他找寻声源。也可用有声音的玩具去逗引婴幼儿，如把音乐玩具藏在婴幼儿不易见到的地方，让婴幼儿顺着声音传播的方向去寻找。

（三）触觉发展的家庭指导方法

触觉是我们感知事物的一大途径，对物体的冷热、软硬、光滑及粗糙等质地的认识主要通过触觉完成。指导家长促进婴幼儿的触觉发展主要是指导家长按摩婴幼儿皮肤、让婴幼儿多触摸不同物品来促进其触觉的发展。在室内温度适宜时（一般24 ~ 28℃），指导者应指导家长让婴儿期的婴幼儿裸睡在床上，之后由头部向身体，再向手脚慢慢抚摸婴幼儿，时间2分钟左右，每分钟12次左右。注意一定要确保婴幼儿的情绪是轻松愉快的。在生活中，指导者可建议家长有意地给婴幼儿提供各种不同性质的玩具，比如毛茸茸的玩具熊、黏手的橡皮泥、光滑的金属汽车等，供婴幼儿触摸摆弄，让婴幼儿接触轻重、软硬、冷暖等不同性质的物体，增加婴幼儿对各种物体的感觉，在实践中逐步发展婴幼儿的触觉功能。

（四）嗅、味觉发展的家庭指导方法

新生儿就能对各种气味做出不同的反应。例如，婴幼儿吮吸到甜味香味时，会做出舔嘴的动作，脸上呈现出愉快的表情；婴幼儿嗅到刺激难闻的气味会做皱眉、打喷嚏、摆头等动作。若闻到咸味、酸味，会表现出皱眉、闭眼、咧嘴等不安的神情，甚至出现恶心或呕吐的反应。所以，指导者应告知家长发展孩子的嗅觉和味觉应该从新生儿开始。

对于1岁以内的婴儿，指导者可建议家长让他被动地嗅闻各种不同的气味，吃不同味道的食物，刺激婴幼儿的嗅觉和味觉器官。1岁后，指导者可指导家长有目的地鼓励幼儿去嗅闻不同的气味，品尝不同的味道，并在训练的过程中用一定的语言进行强化，比如问幼儿“酸不酸”等，让孩子通过自身体验来发展嗅觉和味觉功能。可以通过“闻一闻”和“尝一尝”这类训练促进婴幼儿嗅、味觉的发展。通过闻一闻，可使婴幼儿通过各种不同的物体所发出的特殊气味来识别物体；通过尝一尝，指导者可指导家长使婴幼儿区别溶解在水中的甜、酸、苦、咸等味道：嗅觉味觉训练所使用的分辨物可以是食物，也可以是非食物；可以是液态物质，也可以是固态物质。可以单就一种感觉进行训练，也可以把两种感觉综合起来进行游戏。比如，指导者可指导家长在同样的瓶子里装上醋、酒、水、苹果汁、香油等液体，让婴幼儿通过嗅闻来区分和识别这些液体，游戏训练的是婴幼儿的嗅觉；而在同样的杯子里装上不同浓度的糖水，让婴幼儿通过尝一尝，排出糖水甜度的次序，则是训练婴幼儿味觉的灵敏度的方法；如果将梨、苹果、桃子、香蕉等水果切成同样大小的块，让婴幼儿先闻一闻，再尝一尝进行辨别，则是训练婴幼儿的嗅味觉。

（五）平衡觉发展的家庭指导方法

影响平衡觉发展的主要因素是位于内耳的前庭感受器，因而指导家长促进婴幼儿平衡觉发展的主要途径是对婴幼儿的前庭平衡觉进行训练。指导者应告知家长前庭感受器是控制人的重力感应和平衡感的结构，翻、坐、爬、站、走、跑等行动都与前庭感受器有着重要关系。如果不能有效锻炼前庭平衡觉，长大以后，有的孩子就爱摔跟头，还爱绕圈子跑，坐旋转的游乐设施从来不晕，不会走平衡木等，这些症状都表明大脑前庭平衡功能有问题，会造成注意力不集中，更严重的会造成多动症。指导者可指导家长对婴幼儿开展一些简单的训练。爬行：8个月的婴儿就可以训练爬行了，开始时婴儿肚皮贴地往前移，前肢后肢都用不上力，家长可以在此时推动婴儿的脚，鼓励婴儿用力向前。渐渐地，婴儿就能学会用上肢支撑身体，用下肢使劲蹬，协调地向前爬行。转圈：1岁左右的婴幼儿自己已经能够转圈，两只脚互相交替，身子转动。没有人教他这样，可能是他经常需要转身，自

己琢磨出来的转圈。家长可以拉起婴幼儿的手或脚，原地转动。滑滑梯：经常带婴幼儿去小区里的游乐场滑滑梯。荡秋千：鼓励孩子每次都试一试，婴幼儿就会由害怕到逐渐适应并喜欢上这个活动。走平衡木、走花坛边，滚动大球、走铁轨等也是很好的训练平衡的方式，但要注意安全。

（六）方位知觉发展的家庭指导方法

指导者指导家长促进婴幼儿方位知觉发展的方法主要是家长通过各种活动，帮助婴幼儿认识前后、上下、左右等方位，促进其方位知觉的发展，避免因空间方位知觉的落后而造成日后的困难。指导者可指导家长鼓励婴幼儿对自己身体的左右、上下、前后进行了解，产生方位知觉，比如告知家长指指婴幼儿的眼睛，再指指他的鼻子，告诉他眼睛在鼻子上面；让婴幼儿通过对身体周围物体的方向、距离的感知形成空间方位知觉，比如，可指导家长在小区散步时，指着一棵树，告诉婴幼儿“我们是站在树下，小鸟在树上”。

（七）形状知觉发展的家庭指导方法

3个月的婴儿已经具备辨别简单形状的能力，3岁前已经能够掌握一些简单图形，比如圆形、方形、三角形等。日常生活中的很多物品的形状是有规则的，指导者可告知家长随时以这些物品作为教具让婴幼儿感受形状。针对3～12个月的婴儿，指导者可指导家长在吃饭时指着桌子和碗说“这是圆形的碗，长方形的桌子”；针对1～2岁的幼儿，指导者可建议家长购买各种形状的饼干，开始时每次拿饼干告诉幼儿“这是圆形饼干或方形饼干”，当他逐渐熟悉后，可以让他按照家长的要求挑选相应形状的饼干；针对2～3岁的幼儿，指导者可指导家长说出一些形状的积木，让幼儿从一堆积木中指认。指导者还可指导家长引导婴幼儿多观察身边的形状，比如餐盘是圆形的，窗户是长方形的，西瓜是圆圆的等，促进婴幼儿形状知觉的发展。

（八）大小知觉发展的家庭指导方法

大小知觉是人脑对物体大小特性的反映，6个月的婴儿已经产生大小的概念。婴幼儿对大小的感知，首先是从最直观的具体事物开始的。随着年龄的增长，他逐渐会区分平面图形的大小、体积的大小。在平面的和立体的图形里，又有一个从相同图形（如正方形、正方体）到不同图形（如正方形和三角形、正方体和圆柱体）的认知过程。在日常生活中，指导者应当指导家长多给婴幼儿看一些大小形状不同的图片，让婴幼儿不断地接触不同的动物及动物模型、不同的事物、不同年龄的人。比如建议家长带婴幼儿到动物园比较斑马和小鸟的体积；在绘画中，指导家长让孩子多画不同大小的图片，使孩子对物体大小留下深刻的印象；建议家长和孩子一起玩图形大小游戏，比如和婴幼儿比较婴幼儿衣服和大人的衣服的大小、比手掌大小等。

（九）时间知觉发展的家庭指导方法

婴幼儿最早主要依靠生理上的变化产生对时间的条件反射，也就是人们常说的“生物钟”所提供的时间信息而产生时间知觉。例如，婴儿到了吃奶的时候，会自己醒来或哭喊，这就是婴儿对吃奶时间的条件反射。以后逐渐学习借助于某种生活经验（生活作息制度、有规律的生活事件等）和环境信息（自然界的变化等，如幼儿知道“太阳升起来就是早晨”“天快黑了就是傍晚”等）反映时间。所以家长应该通过日常生活事件培养婴幼儿的时间知觉。

对于0～1岁的婴儿，指导者应告知家长帮其养成有规律的生活作息，固定玩耍时间、每天早上的起床时间、晚上睡觉时间、一日三餐时间等，这样有利于婴儿形成对时间的知觉；对于1～3岁的幼儿，指导者应指导家长在生活事件中感知时间的基础上，告诉幼儿时间的特征，比如：“月亮出来了（天黑了），该睡觉了；太阳出来了（天亮了），该起床了”等，这样可以逐渐通过感知自然界的变化特征来促进时间知觉的发展。

（十）感觉统合发展的家庭指导方法

感觉统合是指脑对个体从视、触、听、嗅、味、前庭、本体等不同感觉通路输入的感觉信息进行解释、选择、联系和统一的神经心理过程。婴幼儿阶段是感觉统合形成的萌芽时期，如果能得到较好的锻炼，大脑将能更好地处理感知觉信息，并做出适宜反应。否则可能会出现大脑不能对输入的感觉信息进行正确的操作，出现异常行为或混乱，也称为感觉统合失调。常见的感觉统合失调表现有视觉功能统合失调、触觉功能统合失调、听觉功能统合失调、前庭感觉功能统合失调或本体感觉功能统合失调，会产生丢三落四、粗心大意、好动、不合群、注意力不集中、动作不协调、平衡性差、自信缺乏等问题。鉴于此，指导者要为家长系统地讲解感觉统合理论，让家长关注婴幼儿的感觉统合训练，并根据婴幼儿的年龄状况为家长提供感觉统合训练方案，做出感觉统合训练的示范，促使家长掌握婴幼儿感觉统合训练的方法。例如，可以通过给刚出生的婴儿开展抚触按摩，用不同材质的物体摩擦身体等活动提高婴儿触觉统合能力，还可以通过走平衡木、举高高、搭飞机等游戏提高婴幼儿的前庭觉统合能力。

二、注意发展的家庭指导方法

注意是一种心理特性，而非独立的心理过程。通常总是伴随着感知觉、思维、记忆、想象等活动表现出来，如注意看、听，全神贯注地记或想等。注意可分为有意注意和无意注意两种。有意注意是一种主动地服从于一定活动任务的注意，为了保持这种注意，需要一定的意志努力；无意注意是一种事先没有预定的目的，也不需要意志努力的注意。3个月

左右的婴儿可以比较集中注意于某个感兴趣的新鲜事物，5～6个月时能够比较稳定地注视某一物体，但持续的时间很短。1～3岁时，随着活动能力的发展，活动范围的扩大，接触的事物及感兴趣的东西越来越多，无意注意迅速发展。比如，1岁半的幼儿能集中注意5～8分钟；1岁9个月的幼儿能集中注意8～10分钟；2岁的幼儿能集中注意10～12分钟；2岁半的幼儿能集中注意10～20分钟。3岁前的婴幼儿有意注意水平较差，刚刚开始发展。由于言语的发展和成人的引导，开始把注意集中于某些活动目标。例如，看动画片时，如果节目不能引起兴趣，他们的注意便会转移。在整个0～3岁阶段，有意注意还处于萌芽状态，无意注意占有主导的地位。以下分别从几个方面提出促进婴幼儿注意发展的家庭指导方法。

（1）指导者要告知家长排除无关刺激的干扰，设立良好环境。当婴幼儿从事某种活动时，周围的环境要尽量布置得整洁优美，保持安静，而且婴幼儿对所处的环境必须熟悉。指导者应告知家长讲话声音必须要低，尽量减少声音刺激，最好以动作暗示，以免干扰婴幼儿的活动。

（2）指导者应告知家长制定并遵守合理的作息制度，使婴幼儿得到充分的睡眠和休息，这是保证婴幼儿精力充沛地从事各项活动的条件。

（3）指导者应指导家长明确活动目的，帮助幼儿发展有意注意。婴幼儿不是对一切事物都感兴趣，但只凭兴趣引起的注意又难以持久。大多数知识经验的获得有赖于有意注意。指导者应告知家长，在各项活动中，要提出具体的活动方式和目的，激发婴幼儿完成任务的积极性和愿望，增强婴幼儿的自我控制力，促进他们有意注意的发展。

（4）指导者应指导家长多引导孩子积极动脑动手。指导者应告知家长实际的操作活动和积极的智力活动有利于保持注意，这样可以变被动为主动，增强注意的目的性。同时，动静结合能减少长时间从事单一的活动（如单独听讲等）所引起的疲劳。

（5）指导者应指导家长灵活地交互运用无意注意和有意注意。婴幼儿的无意注意占优势，任何新奇多变的事物都能吸引他。有意注意是完成任何有目的的活动所必需的，但有意注意容易引起疲劳，需要意志努力，消耗的神经能量较多。指导者应指导家长灵活地掌握方法，不断地变换婴幼儿的两种注意，使大脑活动有张有弛，既可以不至于过度疲劳，又可以做好某件事情。

（6）指导者应指导家长在游戏中训练婴幼儿的专注力。苏联心理学家曾做过这样一个实验：让幼儿在游戏和单纯完成任务两种不同的活动方式下，将各种颜色的纸分装在与之同色的盒子里，观察孩子注意力集中的时间。实验结果发现，在游戏中，4岁幼儿可以持续进行22分钟，6岁幼儿可坚持71分钟，而且分发纸条的数量比单纯完成任务时多50%。但在单纯完成任务的形式下，4岁幼儿只能坚持17分钟，6岁幼儿只能坚持62分钟。实验结果表明，婴幼儿在游戏活动中，其注意力稳定性较强，集中程度更高。因此，指导者应指导家长让婴幼儿多开展游戏活动，在游戏中培养婴幼儿的专注力。

（7）指导者应指导家长重视培养婴幼儿对周围环境的多方面兴趣。兴趣是最好的老师，浓厚的兴趣像磁铁一样吸引孩子的注意力。指导者应建议家长经常带婴幼儿到绚丽多彩的大自然和社会中去，丰富他们的生活，开阔他们的眼界；讲述、阅读低幼读物，让婴幼儿动手做一些手工等，都有利于培养婴幼儿的注意倾向和探究精神等。

三、记忆发展的家庭指导方法

记忆是一个比较复杂的心理过程，包括识记、保持、再认、再现，是人的智力结构中最主要的基础能力之一。记忆对婴幼儿的语言、想象、思维以及意志和情感的发展都有很大的影响，它有一个发生、发展的过程。刚出生的婴儿就有了最初级的记忆能力，在他哇哇大哭时，只要让他进入妈妈的怀抱，听着妈妈的心跳声和说话声，他就会停止哭泣。这是因为，他在母体的时候就已经熟悉了妈妈的心跳和说话声，这已经成为婴儿的潜在记忆。从记忆的意识程度的角度，婴幼儿记忆主要分无意记忆和有意记忆。婴幼儿记忆主要以无意记忆为主，形象记忆占主导地位。自我控制能力比较差，记忆活动很容易受情绪的影响而出现差异。记忆内容在头脑中保留的时间较短。一天中记忆力最好的时间是在睡觉前，这时给他讲讲儿童故事或讲一些生活常识，学习效果最佳。根据以上特点，指导者可分别从以下几个方面指导家长促进婴幼儿记忆的发展。

（1）建议家长为婴幼儿提供鲜明、形象、生动、富有浓厚情绪色彩的识记材料。婴幼儿的记忆以无意记忆为主，他们往往能自然而然地记住有趣味、形象直观、能引起他们强烈情绪体验的事情和事物。所以，指导者可建议家长为婴幼儿提供一些具体形象、色彩鲜明并富有感染力的识记材料，使材料本身能吸引婴幼儿。比如，可以建议家长为婴幼儿提供各种材料制作的不同形状的有趣的小卡片，能活动的实物和玩具等。同时，还应指导家长尽力为婴幼儿配以生动活泼、深受其喜爱的游戏或木偶戏等。这样会更好地确保婴幼儿获得深刻的印象，使他们轻松地记忆知识，从而达到发展记忆能力、提高记忆效果的目的。

（2）指导家长向婴幼儿提出明确、具体的记忆任务，对记忆结果给予正确评价，激发他们有意记忆的积极性。有意记忆的发生和发展是婴幼儿记忆发展过程中最重要的质变。为了培养婴幼儿有意记忆的能力，在日常生活和各种有组织的活动中，指导者应告知家长经常有意识地向婴幼儿提出明确的、具体的识记任务，促进婴幼儿有意记忆的发展。比如，可建议家长在外出参观、听故事、饭后散步时给婴幼儿提出识记任务，如果没有具体要求，婴幼儿是不会主动进行识记的。需注意的是，指导者要提醒家长当婴幼儿完成家长提出的恰当、明确的记忆要求时，家长要给予及时的赞扬和肯定，提高婴幼儿记忆的主动性与积极性。

（3）指导家长帮助婴幼儿理解识记材料，提高幼儿认识能力和有意记忆识记的水平。在婴幼儿时期，虽然无意记忆多于有意记忆，但有意记忆的效果却比无意记忆的效果好。心理学家研究表明：婴幼儿往往对理解了的、熟悉的事物记得牢。培养并发展婴幼儿有意记忆的能力是非常重要的，为此，指导者要指导家长用各种方法尽量帮助婴幼儿理解所要识记的材料。实际操作中，指导者可指导家长向婴幼儿提出一些问题，如“小猫会爬树吗？”“猪的鼻子是什么样的？”等，引导他们通过积极的思考，在理解其意义的基础上进行记忆；对于不可能理解或无意义的材料，也要尽可能帮助他们找出这些材料在意义上的联系：对于一些不易记住而日常生活中需要记住的内容，可采取归类记忆法，比如主食类有哪些、水果类有哪些等。这样会使婴幼儿的记忆效果得到明显的提高。

（4）指导家长帮助婴幼儿运用多种感觉器官进行记忆。为了提高婴幼儿记忆的效果，指导者可指导家长采用协同记忆的方法，即在婴幼儿识记时，让多种感觉器官参与活动，在大脑中建立多方面联系。实验研究表明，如果让婴幼儿把眼、口、耳、鼻、手等多种感官调动起来，使大脑皮层留下很多“同一意义”的痕迹，并在大脑皮层的视觉区、嗅觉区、听觉区、运动区、语言区等建立起多信道的联系，就一定能提高记忆效果。因此，家长应指导婴幼儿运用多种感官参加记忆活动。比如，指导者可建议家长让婴幼儿感受春天，尽量带婴幼儿多摸一摸嫩绿的小草、看一看绿色的树芽、尝一尝春天出产的水果、闻一闻芬芳的花朵，通过手、眼、耳、口、鼻等多种感官从多方面获得感性认识。这样会使婴幼儿记得又快又好。

（5）指导家长帮助孩子进行合理的复习，以增强记忆。婴幼儿记忆的特点是忘得快，不易持久，但记得也快。因此，家长在引导婴幼儿识记时，一定的复习和重复是非常必要的。一般来讲，让婴幼儿复习巩固所学的内容时，不宜采用长时间、单调的反复刺激，应该在婴幼儿情绪稳定时，采用多种有趣的方法进行。比如，利用讲故事、猜谜语、念儿歌、做游戏、表演活动以及比赛活动、散步与郊游活动和日常生活活动等。这样不仅可以使婴幼儿在轻松愉快的情绪状况下很快地掌握并巩固所学的知识与技能，而且可以激发婴幼儿的记忆兴趣。总之，婴幼儿记忆能力的培养是需要循序渐进的，要引导婴幼儿学会有效的记忆方法，促使他们去交流、去探索，以达到提高记忆力的目的。

四、想象发展的家庭指导方法

想象是人根据头脑中的已有表象经过思维加工建立新形象的过程。新生儿没有想象能力。周岁之前的婴儿虽然可以重现记忆中的某些事物，但还不能算是想象活动。1～2岁的幼儿，由于个体生活经验不足，头脑中已存的表象有限，只有萌芽状态的想象活动。2岁左右的幼儿出现最初的想象，可把生活中的某些简单行为反映到游戏中去。比如，孩子喂玩具娃娃“吃”米饭，用小凳子当汽车开，模仿妈妈安排他的布娃娃吃饭、喝水、睡觉等。2岁后的幼儿想象力有了进一步发展，但呈现出想象内容贫乏单一、想象没有目的、想象依赖语言和动作提示等特点。3岁时幼儿开始进行自由联想，想象力得到迅速发展，这阶段的想象基本上是一种无意想象，也可以说是一种自由联想。无论什么幼儿都可以玩起来。比如，积木或小凳子可以变成火车，纸杯可以是电话，一条丝巾可以把自己装扮成公主等，所有到幼儿手上的东西都有了象征意义。想象在幼儿学习和游戏中发挥着重要作用，是幼儿创新思维发展的核心，指导者可以从以下几个方面指导家长促进婴幼儿想象的发展。

（一）指导家长丰富婴幼儿想象的内容

想象中的新形象虽然不是曾经感知过的事物的简单再现，但它的原材料还是来自人们对客观事物的感知。因此，经验、知识是想象的基础和源泉。婴幼儿想象力丰富与否，与其所具有的知识经验的数量和质量紧密相关。因此，要想使婴幼儿想象丰富，指导者应告知家长努力扩展婴幼儿的知识，使婴幼儿大脑中贮存更丰富的想象的素材。比如，可建议家长带婴幼儿参观动物园、游览公园、博物馆，给婴幼儿看适宜的电视、书报、电影，给婴幼儿讲故事，带婴幼儿外出旅行等。总之，要让婴幼儿多看、多走、多听、多想，多接触周围世界，扩大视野，丰富想象的内容储备。

（二）指导家长发展婴幼儿的有意想象

指导者可建议家长为婴幼儿准备有关某个主题的各种材料和玩具，使幼儿想象的方向逐渐能稳定在一定主题上。比如，可指导家长为婴幼儿提供“医院”的各种材料和玩具，他们可能一会儿又拿起“针管”当护士，给病人打针，一会儿拿“听诊器”当医生，给人看病。想象的具体对象时有变化，但其想象的总方向却是固定的，都围绕着“医院”而进行。指导者可指导家长直接向婴幼儿提出一定的想象主题，要求他们围绕主题进行有意想象。一开始，指导者可建议家长要求婴幼儿想象的主题简单一些，比如在黑板上画一个圆形，让幼儿想象它像什么；以后要求可逐渐加深，比如故事讲一半，让婴幼儿接着讲，自由发挥编故事结尾等，使婴幼儿逐渐习惯于想象之前就有一个明确的预定目的，然后根据这个预定目的去开展想象。

（三）指导家长培养婴幼儿创造性想象的能力

婴幼儿想象主要是再造想象，创造性想象较少。从心理的发展来看，再造想象是较低级的想象，创造性想象才是较高级的想象，并与创新思维有密切的联系，是进行创造性活动所必需的。

首先，指导者可建议家长激发幼儿的好奇心，使想象始终保持活跃状态。幼儿对世上的一切都非常好奇，总是怀着一种到处探索的好奇心，要发现世界奥秘的愿望。因此，为

使幼儿的想象更富有创造性，指导者首先要告知家长必须特别珍视幼儿的好奇心，并能够进一步激发他们的好奇心，使幼儿的想象始终处于活跃状态；第二，建议家长让婴幼儿充分自由地想象，培养他们多想、敢想的创新精神。家长在日常生活中应多鼓励婴幼儿自由畅想，积极动脑，并且当婴幼儿的想象表现出独创性、新颖性时，就给予表扬、鼓励。比如，家长教孩子画一条鱼在水里游的画，婴幼儿却画了两条鱼在水里游玩，并天真地说："一条鱼没有伙伴不好玩，两条鱼在一块玩才有劲。"这说明孩子有创造性，指导者应该告知家长称赞孩子。第三，建议家长要为婴幼儿提供驰骋想象的具体条件、机会，实际锻炼婴幼儿的创造性想象能力。比如，在游戏时，可以建议家长由婴幼儿决定内容，选择角色，确定使用的玩具等；可指导家长讲故事讲到曲折、关键之处便戛然而止，让婴幼儿去想象故事将如何发展。第四，可建议家长教给幼儿表达想象形象的技能技巧。婴幼儿有了丰富的想象，但如果不具有相应的表达想象形象的技能技巧，新形象只能停留在头脑中，而不能转化为实实在在的东西。因此，要建议家长让幼儿掌握一定的技能技巧，包括音乐表演技能、绘画技能、建筑结构技能、进行创造性游戏的技能等。

五、思维发展的家庭指导方法

思维是人脑对客观事物间接的和概括的反映，这是一种以感知觉、语言、表象等为基础的高级认知过程，是智能的核心。9个月前的婴儿基本上没有思维，只有对事物之间联系、对事物感知的最初认识。一般认为婴儿在9～12个月产生思维的萌芽，有的婴幼儿可能更早一些。真正的思维发生时间大约是在幼儿2岁。婴幼儿的思维活动经历着一个漫长而复杂的过程，一般来说都遵循着动作思维—形象思维—抽象思维几个发展阶段。

第一阶段：1岁左右，这个阶段的概括是根据事物最突出、最鲜明的外部特征（如颜色特征）来进行的。如"娃娃"这个词只标志婴幼儿自己用的穿红衣的娃娃，而不标志穿绿色或其他颜色衣服的娃娃；第二阶段：2岁之后，进入词的概括阶段，开始能用词对同一类物体的比较稳定的主要特征进行概括；第三阶段：3岁后，幼儿生活范围扩大，兴趣不断发展，出现最初的"求知欲"，对周围事物好问、好动。"为什么？""是什么？""怎么样？"在这个年龄阶段会经常出现。婴幼儿的思维主要呈现形象直观的特点，与语言、动作有密切联系，指导者可以从以下几个方面指导家长促进0～3岁婴幼儿思维的发展。

（一）指导家长通过感知促进婴幼儿思维的发展

思维是人脑对客观现实的概括和间接的反映，由感知而获得的感性经验是思维发展的基础。幼儿接触的事物越广泛，感性经验越丰富，概括就越准确、越全面，理解也越灵活、深刻。

比如，通过图片和实物，让幼儿观察各种颜色、形状、大小不同的灯之后，让幼儿回答："什么叫灯？"许多儿童都能说出灯的本质特征："灯是能给人照亮的物体。"又如，带领幼儿观察炊事员、理发师之后，他们就不会再认为凡是穿白大褂的都是"医生"了。

因此，指导者要告知家长注意让幼儿多走、多听、多看、多摸，经常带他们接触大自然，接触周围事物，并让他们多看画册、图书、电影、电视等，以丰富其感性知识，开阔幼儿的眼界。在幼儿积累了同类事物、多种材料的较为丰富的知识经验之后，再指导家长引导幼儿进行概括、分类，把零散的知识系统化、条理化，形成最初的各种概念，在此基础上，再指导家长教幼儿运用概念进行推理、判断，幼儿思维就逐渐由具体向抽象过渡、发展了。

（二）指导家长通过语言促进婴幼儿思维发展

言语是思维的工具和武器，也是思维的外衣。正是借助于词的概括性和抽象性，人脑才能对事物进行概括、间接的反映。

例如，有了代表同一类的各种事物的词："橙子""苹果""梨""水果"，幼儿才能把各种形状、颜色、大小不同的苹果概括为"苹果"，各地出产的各种各样的橙子、梨，概括为"橙子"和"梨"，然后再把苹果、橙子、梨概括为"水果"。

通过利用语言中的语法规则和词汇，幼儿才得以逐渐摆脱实际行动的直接支持，摆脱表象的束缚，概括、抽象出事物之间的规律性联系。如木能漂浮在水上（木和水之间存在规律性联系），木能燃烧（木与火之间存在规律性联系），磁铁能吸铁（磁铁与铁之间存在规律性联系）等。但在学前期，幼儿词汇还不丰富，特别是对概括性、抽象性较高的词汇掌握得较少，内部言语也还正在形成发展之中，使思维能力受到了一定的限制。所以，指导者要指导家长培养儿童的抽象逻辑思维能力，必须发展幼儿的语言，注意指导家长帮助婴幼儿在广泛接触周围环境时，丰富相应的词汇；在广泛的语言交往中，学习准确地运用词汇，学习连贯地、完整地表达思想。

（三）指导家长通过动作促进思维发展

游戏是婴幼儿喜欢的一种活动，可以锻炼婴幼儿的各种动作。指导者可指导家长在游戏中用自问自答的形式来给婴幼儿讲解一些有概括性、比较性的概念，如大、小，上、下，多、少，也可以指导家长让婴幼儿在游戏中找出相同的东西，借以培养婴幼儿善于区别事物不同点的能力。在日常生活中，指导者应告知家长当婴幼儿遇到困难时，要留点机会和时间让他自己想办法解决，而不要立即去帮助解决，如皮球滚到哪里去了？苹果拿不到怎么办？培养孩子自己动脑筋解决问题的能力。可建议家长提供一些玩具给婴幼儿，如拼图、积木、组装玩具等，让他们自己摆弄玩具，在玩中去认识一些事物之间的联系，促进思维能力，发挥想象力。

讨论与思考

1.简单叙述婴幼儿认知发展的特点。

2.请结合实例说明如何对婴幼儿的感知觉进行训练。

3.简述婴幼儿注意的发展有哪些特征。

4.怎样理解想象在婴幼儿心理发展中的意义？

5.请举例说明指导家长促进婴幼儿思维发展的方法。

扫码看本章PPT

（尹金鹏）

第五章
婴幼儿家庭语言养育与指导

1.了解婴幼儿语言发展各阶段的特点。

2.掌握婴幼儿家庭语言养育的方法与任务。

3.掌握婴幼儿家庭语言养育指导的具体方法。

4.运用家庭语言养育指导的相关方法指导和分析婴幼儿的语言发展。

情景导入

乐乐已经是2个月15天的宝宝了，现在吃得饱饱的，一双亮晶晶的眼睛注视着妈妈微笑的面孔，还舞动着小手，感觉在对妈妈说话一样。妈妈此时也靠近孩子，并对孩子挥挥手："嗨，我的宝宝，你在对我说话呢，妈妈听懂你的意思啦，来，挥挥手吧。"乐乐看着妈妈，不仅挥挥小手，连小脚也动起来了。妈妈："哦，我的宝宝真能干，能听懂我讲话的意思啦。"日常生活中，我们可以观察到婴幼儿语言发展的表现，1～3个月的婴儿不仅能够较为准确地找到发出声音的人，而且还会时不时地发出"嗷嗷""呀呀"等双元音。家庭环境对于0～3岁婴幼儿语言发展至关重要，父母是婴幼儿语言发展的启蒙老师。婴儿出生以后，与父母的语言接触最多。婴儿出生后，听得最多的就是父母的语言，因此，父母是孩子最佳的语言教师。如何指导父母对婴幼儿进行语言养育是0～3岁婴幼儿家庭养育与指导的重点。

第一节　婴幼儿语言发展的特点

语言是人与人交流的重要工具，是信息传递的主要载体。新生儿的啼哭是他们唯一的语言，它传递着排便、饥饿、疼痛等基本信息。根据0～3岁婴幼儿语言系统的发展和语言运用能力发展相结合的标准，婴幼儿语言发展大致经历了三个阶段：前言语阶段、语言发

生阶段和基本掌握口语阶段。每一个阶段，婴幼儿语言发展各具特点。

一、婴幼儿前言语阶段及特点（0～1岁）

0～1岁可以说是婴幼儿语言发展的准备期，又称为前言语阶段。这个阶段，婴儿从最初未加以分化的哭声（即各种原因的哭喊音调是一样的）到加以分化的哭喊声，到笑出声，到咿呀发音，这期间经历了大量的发音练习，再到模仿大人的一些简单表达，婴儿开始逐渐从只局限于“听”向“多听少说”这个阶段发展。这个过程大致经历了简单音节阶段、连续音节阶段和学话萌芽阶段。

（一）简单音节阶段（0～3个月）

0～3个月是婴幼儿语言发展的简单音节阶段，这一阶段语言发展的特点主要表现在以下几个方面：

（1）对语音较敏感，听觉较敏感，具有一定的辨音水平。婴儿首先学会语言和其他声音的区别，获得辨别不同话语声音的感知能力。出生24天之后的新生儿能够对不熟悉的声音和熟悉的声音做出明显不同的反应。他们如果听到新奇的声音会停下正在做的事情，听到突然的响声会被吓一跳。

（2）与成人面对面进行“交谈”时，婴儿产生交际倾向，会做出相应的动作反应。当父母和婴幼儿进行面对面“交流”的时候，能对父母的声音，或者伴随的目光、翕动的嘴唇以及微笑的表情等做出明显的反应；当父母和他谈话时能用眼睛盯着说话者约30秒。

（3）能够用不同的哭声表达他们不同的需要，以引起成人的注意，这可是婴幼儿语言交际的第一步。他们还会时不时地改变音高和音调，仿佛是跟着自己的节奏在唱歌一样。

（4）能发出一些简单的音节，多为单音节。2个月时，婴儿在睡醒之后，会发出愉快地自言自语的声音，有时候也能发出一些叽叽咕咕的声音，其中就包括韵元音和较少的声元音等（表5-1）。

2～3个月的婴儿的音节发音与情景发生关系，当婴儿在愉快的状态下则较多地发出“a”“o”“u”等音，不舒服或焦急的时候发出“i”和“e”等音，而这些音节已具有信号的作用，比起上一个阶段的哭叫声，有了进一步的分化。

表5-1 2个月婴儿的发音

a	ai	e
ei	hai	ou
ai-i	hai-i	u-e

（二）连续音节阶段（4～9个月）

4～9个月是婴幼儿语言发展的连续音节阶段。这个阶段婴幼儿语言发展的特点表现如下：

（1）经常发出连续的音节。婴儿发音较多的是对成人的社会性刺激做出反应，发音内容大多是以元音和辅音相结合的音节为主，并且有一个从单音节发声过渡到重叠音节发声的过程。

（2）能辨别一些语气、语调和音色的变化。

（3）与成人交往中出现学习交际“规则”的雏形。

（4）出现“小儿语”，会用语音来吸引别人的注意。

（5）能同时感知3种不同的语调，对于微笑、恼怒和平淡的语调有了表示，或紧张害怕，或愣住或报以微笑。对于陌生的声音，会瞪眼仔细聆听，表现出好奇心，能够懂得简单的手势、词和命令，理解具有情境性。

（三）学话萌芽阶段（10～12个月）

10～12个月是婴幼儿语言发展的学话萌芽阶段。这个阶段婴幼儿语言发展的特点表现为：

（1）语言交际功能开始发展。

（2）开口说话，出现第一个有意义的单词。

（3）不同的连续音节明显增加，相近词的发音增多。

（4）开始真正理解成人的语言（话语反应判定法）。

知识扩展5-1

二、婴幼儿语言发生阶段及特点（1～2岁）

婴幼儿经过了一年的语言准备阶段，开始进入学习口语的全盛时期，因此1～2岁是婴幼儿语言发生阶段，此阶段的婴幼儿从理解性的语言强于表达性的语言发展到习得词汇量猛增，经历了“词语爆炸”。一般情况下，婴幼儿在1岁左右开始出现有意义的语言表达，即用语言来进行交流，表达自己的意愿。这个阶段可以被看作儿童语言表达的初始阶段。在这个阶段，儿童语言变化与发展的幅度较大，从一开始的单音重复，如“妈妈”“爸爸”“抱抱”等逐渐发展到能说一些简单的句子，如“阿姨好”等，由一开始的动词、名词居多逐渐发展到语言中出现副词、形容词、个别代词（代词中“我”最早开始出现）等。可以说，在这个阶段，伴随着婴幼儿思维能力的发展、活动范围的增加以及运动能力的增强，婴幼儿的语言表达也开始逐渐丰富起来。

（一）单词句阶段（1~1.5岁）

单词句是指幼儿用一个单词来表达一个比该词意义更为丰富的意思。在这个阶段，幼儿语言主要表现为单词句，即用一个词来表达意义。如“汽车”，可以表示“这儿有个汽车”“我要这个汽车”“汽车掉了”等，大人根据情境可以理解单词之外的具体的语义信息。

单词句阶段幼儿对词的理解主要表现在词义笼统、固定化，以及由近及远的特点。由近及远，即幼儿此时最能理解的是他经常接触的物体的名称，其次是对家长的称呼，再者是自己的玩具和衣物的名称。在说出词的方面，幼儿表现出单音重叠、以词代句、一词多义、词性不确定、与动作紧密结合的特点。

总体来看，这一时期，幼儿在语音上基本上是单音重复，喜欢模仿动物等的发音并用以指称相应的物体，句子和单词是融合的，即单词句，而且在掌握的词汇中，与日常生活相关的、形象且易指称的事物名称占多数，如“球球”“车车”“笑”等。

在单词句阶段，家长要注意在日常生活中随时随地帮助幼儿扩大词汇量，掌握新词；家长要多与幼儿交流，提供语言模仿和学习的榜样，培养和促进幼儿早期阅读的习惯；家长可让幼儿在游戏中练习发音、听音和基本的用词等。

（二）双词句阶段（1.5~2岁）

幼儿过了1岁半以后，说话的积极性高涨，尤其是词句的掌握迅速发展，按照单词句—双词句—完整句的顺序良性发展。此阶段的幼儿主要用实词，如动词、名词和形容词，很少用虚词，如介词、连词等。这一阶段幼儿语言的发展又可以分为词语爆炸、语义错误和双词句阶段。其特点主要表现在：

（1）能理解的词汇种类和数量与日俱增，幼儿每天都在增加新的词汇，对动词和名词的理解在本阶段有了新的飞跃。

（2）语言理解能力不断提高，语言理解逐步摆脱具体情境的制约：喜欢听成人反复讲一个故事，并且能简单地复述其大意。

（3）掌握新词的速度突飞猛进，处于“词语爆炸”阶段。到2岁的时候基本上掌握了300个左右的单词，双词句占优势，能理解并能正确地回答成人提出的问题。具体来说，这一时期，幼儿的语言表达开始出现句子的雏形，如“打针”“吃饭”等这样的“电报句”，“妈妈抱抱”这样的双词句，“我的车”“米米水”等这样带有简单修饰成分的短句。不过，此时幼儿在语句的表达上处于尝试阶段，时常会出现表达不清、语序颠倒的情况。

（4）语言上出现“反抗行为”，喜欢提问。此阶段，幼儿开始进入第一个反抗期，语言的独立性表现在具有反抗性和自主性，不断地向成人提问，并且常常把“不”字挂在嘴边表示拒绝，嘴上虽然说着“不”字，但实际行动上则会向着大人的指令走。

处于双词句阶段的幼儿，双词句增长速度加快。如果说在1~1.5岁这个阶段幼儿所掌握的词汇多是形象的、容易指称的词汇内容，那么在这个阶段，一些表达抽象意义的词汇也开始增加，这说明幼儿概括、认知，甚至记忆能力等方面有了更进一步的发展。例如，在1~1.5岁这个阶段，幼儿能理解并运用“哭”和“笑”这样非常形象、容易观察的词汇，到了1.5~2岁这个阶段，幼儿则开始对“高兴”和“不高兴”或者是“生气”表现出理解并运用到自己的词汇表达中。这个阶段，幼儿在发音的清晰度和能发出来的元音和辅音的数量上都有很大的提高。掌握的词汇更加多样而且丰富起来，各种词类都开始出现，抽象词汇也增多了。同时，开始出现简单的句子表达，如“明明外外”，表示“明明要到外面去玩”，甚至可以出现造词现象，如“米米水”（米饭和水混合在一起）。这些现象说明，此时，婴幼儿已经开始掌握本民族语言的基本语法，不仅是能够理解，而且能够生成新的合乎本民族语言的表达形式。

在1～2岁这个阶段，父母与幼儿的语言交流仍是非常重要的，除了多与幼儿进行语言沟通和交流之外，随着幼儿语言表达的迅速发展，家长在与幼儿交流的内容上要更加丰富多样，以适应幼儿的语言发展需要。不过，在这个阶段，家长要注意的是，尽可能为幼儿提供连续的语言环境，这对于幼儿的语言发育是非常重要的。在这里，连续的语言环境指的是语言环境的一致性。我们的生活中就经常有这样的例子。例如，有个孩子从小在贵州生活了一年，后来又去了新疆半年，之后又回贵州了。孩子的父母说，夫妻俩都在河南工作，现在孩子2岁了，要把孩子接到身边教孩子说普通话。可是发现孩子只会说一些简单的表达，因此担心孩子会不会是接触的语言种类太多，不知道该怎么表达了。其实，孩子会说话，但是2岁了只会说一些简单的话，这说明孩子的语言发育的确落后了。原因是什么？接触的语言，准确地说是方言，种类多并不是孩子语言发育落后的真正原因。真正的原因是孩子接触到的语言环境没有连续性。在语言发育过程中，孩子是在不断与周围（3岁前主要是抚养人）语言环境互动的过程中习得语言，如果这种语言交流不顺畅或不成功则会抑制孩子的语言发育。对婴幼儿来说，在不断变换养育环境的过程中，孩子遭遇了很多这样的挫折，因此，久而久之，他的语言发育就会变得迟缓。因此，我们提倡还是父母尽可能地自己带孩子，多跟孩子沟通。当然，如果已经出现类似的语言发育迟缓的情况，父母也不必过于担心，应多了解孩子的语言表达习惯和想法，多跟孩子进行语言沟通，给孩子提供一个顺畅的语言交流环境。

三、婴幼儿基本口语掌握阶段及特点（2～3岁）

2～3岁是幼儿初学说话的关键时期，也是基本掌握口语的阶段。在这个阶段，幼儿用

语言表达想法和意愿的频率增强，同时他们掌握的词汇量也很快丰富起来，有的词汇幼儿接触几次，甚至是一次，就可以记住并运用在语言当中。语言成为了此阶段幼儿社会交往的工具，根据此阶段语言发展的特点，可以把幼儿基本口语掌握分为简单句阶段、疑问句产生阶段、疑问句高峰阶段以及多词句与复合句阶段。总体而言，主要有初步掌握口语阶段和目标口语发展阶段。

（一）初步掌握口语阶段（2～2.5岁）

初步掌握口语阶段主要有疑问句和简单句的表达。这个阶段幼儿语言发展的特点表现在：

（1）语言逐渐规范和稳定，会用语言与成人进行简单的交谈，发不出的语音逐渐减少。

（2）基本上能理解成人所用的句子，词的概括性程度进一步提高，对某些词汇在理解上具有表面性和直接性。

（3）喜欢自言自语，游戏的时候常常一个人讲话，嘴里嘟嘟囔囔，很多时候，成人都不能听清楚幼儿到底在说些什么，有时候让成人莫名其妙。

（4）能运用多种简单句句型，复合句也初步发展。

（5）疑问句逐渐增多，2岁左右是幼儿疑问句产生的阶段，2岁4个月是幼儿疑问句的急速发展时期，疑问句的形式主要表现在“谁”“在哪儿”“什么时间”“是什么”“怎么办”“为什么”等方面。

（二）目标口语初步发展阶段（2.5～3岁）

2岁半以后，幼儿的语言进入了目标口语发展阶段，这个阶段幼儿语言发展的特点主要表现在以下几方面：

（1）能够说出完整的句子，出现了复合句和多词句。说话不流畅，表达常有“破句现象”，说话结结巴巴。

（2）能够理解句子规则，能表现出系统整合的语言内化能力。

（3）词汇量迅速增加，对新词感兴趣。

（4）语言调节能力增强，自言自语的现象逐渐减少，逐渐进入了“语法爆发期”。

在这一时期的语言交流中，简单句仍然占主要成分，但随着心智的进一步发展和语言技能的熟练，复合句也开始出现。不过这一时期的复合句主要体现为两个或多个简单句的松散组合，通常是句子稍多就会出现“乱套”的情况，而且语速过快，没有连词。所以说这个阶段幼儿的语言能力与想要表达的思想内容尚有一定距离。另外，我们还会注意到，这个阶段的幼儿已经能够理解方位词所指称的方位概念，并理解性地用在自己的语言表达中，甚至是用来建构其他的概念。例如，有的幼儿会说“把果皮放在垃圾桶上”，而不是遵循大人所说的“放垃圾桶里”；当幼儿表达把东西放在鞋柜顶上时，则会先指着鞋柜顶，然后又指着自己的头顶，说“这儿，顶上！”

第二节 婴幼儿家庭语言养育的任务与方法

大量的心理学观察和研究表明，婴幼儿语言的发展遵循一定的规律，具有阶段性。虽然不同的婴幼儿达到某一阶段水平的时间有早有晚，但发展的先后顺序和基本阶段是一致的。0～3岁是婴幼儿学习语言发音的关键期，2～3岁是婴幼儿掌握基本句法和语法的关键期，到3岁时，已基本掌握了母语的语法规则系统。婴幼儿语言的习得要经过接受信息阶段和表达信息阶段。从一出生，孩子就开始学说话，就大量地听各种简单和复杂的句子和语音。在这个接受信息的阶段，作为孩子的第一任老师，家长大多很注重孩子的语言发展，但培养的方法要科学，才能起良好的作用，达到事半功倍的效果。因此，本节主要介绍婴幼儿家庭语言养育承担的主要任务以及婴幼儿家庭语言养育的科学方法。

一、婴幼儿家庭语言养育的任务

家庭是孩子生长的第一环境，家长是孩子最佳的语言教师。当孩子出生后，家长便会时常在其耳边说“宝宝，你是我的小宝贝。”“来，让妈妈亲亲。”“爸爸抱抱吧！”等温柔甜蜜的语言，家长的这种行为虽然并不是有意识地教孩子说话，但孩子却在这不断的语音刺激中，受到语言的感染，积累倾听和发音的经验，在经过与家长的互相模仿、自己偶然性的模仿后，慢慢过渡到主动模仿。孩子的语言学习能力非常惊人，随着孩子逐渐成长，不断地累积建造语言的基础。当孩子经历听、发音、模仿练习、理解语言、运用语言的过程时，就渐渐地进入了语言的世界，父母的养育成果就会不断地显现出来。因此，在家庭语言养育中，家长承担着婴幼儿语言发展养育与指导的主要任务。

（一）家长要注重婴幼儿符号语言理解的培养

婴幼儿的年龄特点决定了他们还不能熟练地运用口头语言来表达自己的所见所闻、所思所想，因此他们常常通过动作、表情、想象、绘画、音乐等多种手段来表达与表现他们眼中的五彩世界，我们将这些称为婴幼儿的符号语言。婴幼儿的符号语言包括情感语言、美术语言、肢体语言、音乐语言、逻辑语言、文学语言、想象语言等。符号语言是婴幼儿时期特有的一种语言，也是婴幼儿多元智力表现的一种形式。在日常生活中，婴幼儿所表现出的符号语言是丰富多彩的。婴幼儿的符号语言大致可分为两大类：一类是婴幼儿自然

表露的语言，他们用表情、动作、想象、艺术等“语言”探索着周围的世界，表现自我，与人沟通。另一类是在特定环境的启发诱导下，经过婴幼儿整合后表达的社会化语言。他们正是依靠这些符号语言，来表达自己对世界的理解和探索，和世界发生联系，表达自我，并在这一系列活动中获得身心的愉悦和满足，从而健康地成长。这就需要家长深入婴幼儿的内心世界，不仅要用耳朵、眼睛，还要用心来倾听婴幼儿，在倾听中理解婴幼儿，感悟婴幼儿，认识婴幼儿。同时为婴幼儿提供这种自我表现的场合、情境，欣赏他们并为他们的表现喝彩、鼓掌。因此家长要非常注重婴幼儿符号语言理解的培养。

（二）家长要强调婴幼儿语言运用能力的培养

语言是人类学习各种知识技能的基础，是进行沟通交流的工具。婴幼儿语言养育是人生中最基础的养育，而婴幼儿语言运用能力的养育就显得格外重要。重视婴幼儿语言运用能力的培养与发展是近年来国际儿童语言养育的一个共同的趋向。婴幼儿的语言运用是指婴幼儿在学习与获得语言的过程中不断使用和操作语言进行交流的现象。有关的研究将婴幼儿的语言发展称为儿童语言发展的源泉。有人认为：婴幼儿语言运用能力的学习过程反映了婴幼儿在认知能力、语言技能和社会理解三个方面的整合性发展。由此可见，家长注重婴幼儿语言运用能力的培养非常重要。

（三）家长要重视婴幼儿亲子阅读能力的培养

亲子阅读，又称“亲子共读”，就是以阅读为纽带，以书为媒，让家长和孩子共同分享多种形式的阅读过程，在孩子课外阅读当中起到重要的作用。亲子阅读能培养口语表达能力，拓展思维，还能培养婴幼儿的学习兴趣等。亲子阅读的关键是家长指导孩子进行阅读，培养孩子的自主阅读能力。更重要的是，给家长创造与孩子沟通以及分享读书乐趣的机会。通过共读，父母与孩子一同成长，共同学习；通过共读，父母与孩子有了沟通交流的机会，可以分享读书的乐趣和感动；通过共读，可以带给孩子欢喜、温暖、希望、勇气、美好和信心。美国从20世纪50年代起就开始对亲子早期阅读进行研究，一些发达国家在20世纪80年代就把提高婴幼儿的阅读能力作为婴幼儿智能养育的重点来抓。我国在《幼儿园养育指导纲要（试行）》（以下简称《纲要》）中，首次明确地把幼儿早期阅读方面的要求纳入语言养育领域的目标体系。《纲要》中指出要“引导幼儿接触优秀的儿童作品，使之感受语言的优美和丰富；利用绘本和图书，引发幼儿对阅读和书写的兴趣，培养前阅读和前书写技能”。2～8岁是儿童阅读能力的关键时期，然而，儿童不是天生的阅读家，其自主阅读能力的发展有一定的形成过程，在这个过程中，离不开家长的指导和养育。

（四）家长要重视支持性家庭语言养育环境的创设

创造一个宽松自由的语言交往环境，鼓励、支持、吸引幼儿与同伴、教师交谈，体验语言交流的乐趣。幼儿的语言是在运用的过程中发展起来的，语言养育应密切结合幼儿的实际生活，在各种活动中进行。也就是说，良好的阅读环境不仅可以激发婴幼儿的阅读兴趣，巩固阅读效果，还可以维护婴幼儿愉快的阅读心态，使婴幼儿在丰富的阅读环境中，充分感受书面语言，潜移默化地接受有关的语言知识，主动去发现与探索，以获得成功的喜悦。

由此可见，创设支持性的家庭语言养育环境是实现婴幼儿家庭语言养育目标的重要途径。所以在婴幼儿家庭语言养育中，家长要非常重视婴幼儿支持性阅读环境的创设，努力给孩子创造一个适宜阅读的环境至关重要。家长重视支持性家庭语言养育环境的创设主要包括家长要满足孩子语言学习的个别需要，要支持和鼓励婴幼儿在活动和游戏中扩展语言经验，要为婴幼儿创设一个平等、开放的语言学习环境。

知识扩展5-2

总之，与人交流对婴幼儿来说，既是应用语言的好机会，又是学习语言的好机会。培养婴幼儿的语言能力是一项艰苦而又快乐的工作。家长应当尊重婴幼儿的兴趣和爱好，不要揠苗助长；遵循婴幼儿学习语言的客观规律，不要急于求成；注重婴幼儿综合能力的培养，承认婴幼儿的个性差异，不要求全责备。家长要学会欣赏婴幼儿，充分相信每一个婴幼儿都是学习语言的天才，用爱心、信心和耐心来培养、引导婴幼儿，这样才能感受到婴幼儿那稚嫩的声音是天下最动人的音乐。

二、婴幼儿家庭语言养育的方法

家庭是孩子学习语言的第一环境，家长则是孩子主要的语言模仿对象。父母对于孩子语言发展的态度、观念，与孩子的交流甚至为孩子提供的媒介数量等，都可能引发他们迥异的语言发展水平。为孩子创造一个良好的语言环境，重视自身言语的示范作用，提高与孩子言语交流的质量，这些家庭环境对婴幼儿的语言发展起着举足轻重的作用。当前在家庭养育中，婴幼儿语言养育的方法主要有游戏法、榜样示范法、故事法、生活练习法、描述法等。

（一）游戏法

婴幼儿在游戏中说话的积极性最高，家长可通过一些游戏的方式来激发孩子主动说话，如声音模仿游戏，“天气真好，小动物们都出来玩了，小鸡来了，小鸡怎么叫？唧唧唧……小鸭来了，小鸭怎么叫？嘎嘎嘎……小狗来了，小猪来了……”大点的小朋友可玩词语接龙、猜谜语等游戏。但运用游戏法时，家长应交代清楚游戏规则，让婴幼儿明白游戏的玩法，不要敷衍，要全身心地投入和孩子的游戏中。而且建议家长参与到孩子的游戏中，或者家长带着孩子一起做亲子游戏，通过在游戏活动中家长与孩子的互动交流增加孩子说话的积极性和对语言的理解。

（二）榜样模仿法

婴幼儿学习语言的主要途径是模仿，即模仿家长所运用的语言，并在此基础上进行创新。通过相关调查，2岁半的幼儿所掌握的词汇中约有2/3是从日常生活中与父母的交谈中获得的。因此，家长与婴幼儿之间或者与家长之间交流所使用的语言都会对孩子的语言习得起到潜移默化的作用。为了让孩子学到丰富和标准的语言，家长输出的语言必须规范。家长要尽量使用标准的普通话，包括语音、语法和词汇，不要为了迁就孩子而使用一些不规范的语言，如叠音词“帽帽、袜袜、饭饭”等，或者不规则的语法结构如“帽帽戴”“袜袜穿”“饭饭吃”等。否则，孩子会把这种不规则的语言当作模仿的目标，从而不利于孩子语言的社会化。为了避免语言的单调乏味，家长在与孩子交流的过程中，可以加上丰富的手势、生动的表情、夸张的语气等，这样不仅可以帮助孩子对家长语言的理解，还可以吸引孩子的注意力。对于在日常生活中使用频率高、内容丰富的语言，家长要经常与孩子交流，强化孩子对语言的模仿和记忆，并注意使用丰富的词语，扩充孩子的词汇量。这就要求家长具有开放的思维、广博的知识和开阔的视野，这样才能丰富孩子的语言。

（三）故事法

婴幼儿都喜欢听故事，家长可以每天抽出时间给孩子讲故事，不仅可以发展孩子的语言，还有利于培养良好的行为和习惯。在讲故事时，开场白要讲好，要抓住孩子的吸引力。讲述过程中语言要生动有趣，遇到孩子不理解的词汇，要及时讲解，这样才能吸引婴幼儿。讲完故事可提一两个问题，让孩子自主表达对故事的理解，这样既丰富了孩子的语言词汇，还增强了孩子的记忆力。

（四）生活练习法

目前有许多家长采用鹦鹉学舌的方法对幼儿进行语言养育。即自己说一个词，让孩子跟着说一个，以此丰富孩子的语言词汇。这往往忽视了孩子最熟悉的现实生活素材，也忽略了“养育源自生活”的原则。家长可以结合一日生活的细节，将孩子语言的发展渗透在一日生活之中。所以平时在家中要鼓励婴幼儿多动手，如自己穿衣服，自己收拾玩具，吃饭的时候尽量让孩子自己动手，大一点的孩子应该训练用筷子吃饭等。因为，实验证明，行为训练可以促进婴幼儿语言的发展。此外，家长要在一日生活中采取多种养育手段，充分注意孩子心理水平的提高，使语言养育渗透到一日生活当中，并根据婴幼儿学习语言的规律和心智发展的实际需要，制订切实可行的语言生活养育计划，丰富婴幼儿语言养育的环境。

（五）描述法

描述法主要训练孩子语言的顺序性和连贯性。例如，家长带孩子外出散步，走进大自然时，孩子对某事物很感兴趣，此时可抓住机会启发孩子将其事物的特征、外形描述出来。这种方法运用比较灵活，不受外界限制。家长要善于让孩子在大自然中接受新事物，学习新词语。大自然是最好的课堂，万事万物都充满勃勃的生机。家长带婴幼儿去大自然里，看一看蝴蝶飞舞、蚂蚁搬家，听一听小鸟啁啾、蜜蜂嗡嗡，闻一闻野花的芬芳、泥土的清香，摸一摸雨后的新芽、河底的泥沙，这些都是用之不竭、取之不尽的素材，是充满着活力和灵性的语言材料。经常有家长会发现，曾经多次拿着印有蜜蜂的图片和蜜蜂造型的玩具给孩子讲解，但孩子仍然不知道这种动物叫作“蜜蜂”。当将孩子带到户外，指着花朵上忙忙碌碌的小动物说“蜜蜂”时，仅仅一次孩子就记住了。而且，此后每次来到户外都会在花朵上寻找蜜蜂。大自然是婴幼儿最生动、最喜爱的语言资源库，因此建议利用大自然生动有趣的语言材料，丰富孩子的语言表达。

（六）实物直观对应法

婴幼儿的思维一般是直观性形象思维，为了更好地帮助婴幼儿学习新词，理解词义，家长可在实物上直接标上相应的汉字，借助直观的形象来加强记忆，这种方法就是实物直观对应法。这样，不仅可以加深孩子对实物的认识，还可以帮助孩子理解实物，进而对实物产生兴趣，结合故事法，融入故事的创编中，发展孩子的语言。

（七）填充法

就是家长说一段话，适当的空去修饰的词或被修饰的词让孩子来补充。比如：这个西瓜，看上去（又大又圆），闻起来（香香的），我最爱吃了；（小便）后要（洗手）。这种方法可以帮助孩子丰富词汇，培养孩子从小养成把话说完整的好习惯。

（八）介绍法

婴幼儿在接触新事物时，家长可以运用介绍法向婴幼儿说明事物的名称、结构和用途，孩子们其实都是很喜欢听的。例如，对婴幼儿感兴趣的食物、动物、植物等进行详细而生动形象的介绍。

（九）纠正法

一般适用于三种情况：第一种，当孩子出现用词不当、发音不准时。比如，在生活中，有的孩子说话总夹着方言，此时要及时予以纠正。第二种，当孩子说话出现颠三倒四、语无伦次时，家长要注意提醒并帮助纠正；第三种就是当孩子喜欢乱插嘴，讲粗话，说话习惯不好时，家长也应给予纠正。

第三节　婴幼儿家庭语言养育指导方法

语言既是智力发展水平的一个显著标志，也是沟通和思维的重要工具。宝宝出生的前

三年内，大脑发育进步神速，其中语言能力的发展是孩子身心发展的重中之重。语言能力是智能发展水平的重要标志，又促进智能的发展。掌握一定的婴幼儿语言发展养育方法，对婴幼儿语言能力的培养尤其重要。有关婴幼儿语言习得的研究证明，人类最终的语言发展水平取决于周围环境的影响，婴幼儿早期的语言形成发展环境主要是家庭。因此，家长对婴幼儿的语言指导尤为重要。家长有效的指导不仅可以使婴幼儿的语言得到更好发展，同时对促进婴幼儿的全面成长有着极其重要的作用。婴幼儿的语言发展是在与父母的互动交流中，在亲子阅读、沟通及游戏中得以实现的。

一、指导家长掌握亲子语言互动的要领

亲子互动是0～3岁婴幼儿语言发展的纽带。苏霍姆林斯基说过："如果学生不愿意把自己的痛苦和欢乐告诉老师，不愿意与老师真诚交流，那么谈论任何养育总归都是滑稽可笑的，任何养育都是不可能有的。"这句话同样适用于家长与孩子之间的沟通交流，互动是家长与孩子之间语言沟通的纽带，是家长对孩子进行语言养育的桥梁。亲子互动在日常生活中随时随地都可以发生，如果家长能够抓住各种有利时机，适时地加以语言引导，无疑对孩子的语言发展大有裨益。最关键的一点是家长千万不能吝啬自己的话语，不要怕做"唠叨式家长"，应随时随地与孩子说说话，坚持给孩子提供有益的话语刺激。可以通过指导家长坚持反应式倾听以及抓住亲子亲密互动的机会来促进家长掌握亲子互动的要领。

（一）指导家长对婴幼儿坚持反应式倾听

反应式倾听是亲子互动的重要技巧，指的是家长在倾听孩子说话的时候在眼神交流、肢体动作、表情等方面所呈现出的反应和态度。因此，家长在坚持反应式倾听的时候，要注意首先要有专注的态度，这是家长坚持反应式倾听的前提。要给予孩子一定的回应，让孩子感受到你的关注。如给孩子一个微笑，或是将孩子抱到怀里、腿上，认真地看着他，通过肢体语言来对他进行回应。反应式倾听强调的是弯腰、转身、注视等肢体语言和表情动作，因此，当家长没有更多的时间来倾听孩子的话时，要善于区分孩子是好奇心的萌发还是单纯地想引起家长的关注。如果是"求知若渴"的好奇，家长要善于观察、发现和引导。如果是希望引起家长的关注，此时家长要蹲下身来告诉孩子此时此刻自己的想法与做法等。而且要告诉孩子你已然知道了他的想法，而且一定会在最短的时间里处理好手上的事情之后认真倾听孩子的想法。这样的做法不仅尊重了孩子，而且还给孩子一定的空间，帮助家长进一步了解孩子藏在语言背后的深意。

（二）指导家长要掌握好与婴幼儿"亲密接触"的机会

亲密接触是亲子语言互动沟通交流的重要体现。家长与孩子之间通过亲密接触来促

进语言发展的主要表现有拥抱时的语言互动、亲吻时的语言互动以及按摩时的语言互动。家长要善于抓住与孩子拥抱时的语言互动，因为有研究指出婴儿期若缺乏拥抱，孩子易生病、爱哭、情绪易烦躁。就算渐渐长大，学习独立后，他们仍然需要这种身体的“拥抱支持”。母婴之间密切的身体接触使他们彼此之间更容易了解。当母亲把婴儿抱在怀里看着他时，很容易对他发出的信号做出迅速的反应。与孩子拥抱时，家长不妨把爱说出来，再多的甜言蜜语也不为过。因为配上语言沟通，让拥抱不仅仅成为一种亲子间的身体接触方式，更是成为亲子间的一种心灵沟通方式。家长要善于抓住与孩子亲吻时的语言互动。在与孩子亲吻时，家长要注视、抚摸以及和孩子说话，孩子则会做出是否喜欢、舒适的反应。此外，家长也要善于抓住与孩子抚触按摩时的语言互动。抚触是爱的最具体最原始的表达。在抚触按摩中，家长可以进一步了解、认识孩子，接受他们身体发来的信息。同时，孩子也会因为家长的抚触按摩而感受到浓浓的尊重和爱。在抚触按摩过程中，家长可以尝试着和孩子进行交流，如“宝贝，妈妈爱你！”“这样舒服吗？”等。这样的抚触按摩加上语言上的交流，使得亲子沟通处于一种自然的情景中，从而有效地帮助亲子之间建立更好的联结，让婴幼儿产生归属和爱的感觉。

二、帮助家长掌握亲子阅读的技巧

亲子阅读是指父母和幼儿在愉悦轻松的环境中，采取合作、对话与互动的阅读方式，围绕多元化早期阅读材料展开交流、讨论和分享的早期阅读活动。简而言之，亲子阅读就是要让幼儿“在互动中享受快乐，在快乐中学习阅读，在阅读中悄悄成长”。亲子阅读始于20世纪60年代的新西兰，后被引进到美国、日本等许多国家。婴幼儿语言发展的特点表明，每个正常的婴幼儿天生都是学习语言的专家，学龄前是婴幼儿掌握语言的关键期和敏感期。亲子阅读是0～3岁婴幼儿语言发展的支柱。声情并茂、图文并茂的亲子阅读是婴幼儿自然地学习口头语和书面语的最好方式。亲子阅读是一个多元的学习历程，家长应该采用综合的手段寻找合适的阅读指导方法，激发孩子的阅读兴趣，提高孩子的早期阅读能力，帮助孩子积累阅读经验。

（一）帮助家长树立科学的亲子阅读观

合理引导，形成共识。采用讲座、座谈、公开信以及亲子阅读沙龙的形式让家长充分认识早期亲子阅读的重要意义，认识到培养孩子良好的阅读习惯不只是在幼儿园，更重要的是在家庭中。亲子阅读的本质在于分享阅读的快乐。亲子阅读材料有很多层面，带给孩子的兴趣也有很多层面，因此，家长一定要树立正确的观念，不能一味凭自己的需求和兴趣决定孩子的需求，从而剥夺孩子阅读的快乐。另外，为了让孩子保持良好的阅读习惯和阅读的兴趣，家长应尽量每天都合理安排一些亲子共读的时间和空间，提高亲子阅读的频

率。

（二）指导家长营造一个宽松、自由、丰富的阅读环境

家长要注重家庭宽松、自由、丰富的支持性语言阅读环境的创设。心理学家说，婴幼儿语言的发展是非常需要环境刺激的。亲子阅读不仅可以让幼儿增长知识、开阔视野、丰富想象，还可以促进亲子间的沟通、互动和交流，增进亲子感情，从而也推动了家庭养育质量的提升和家长自身素养的提升。家长和孩子阅读是对孩子听觉、视觉的刺激。五颜六色的图书、妈妈甜美的声音、爸爸温柔的注视等对孩子都是一种刺激，正是这样的刺激给予了孩子很好的语言发展环境。

语言能力是在运用的过程中发展起来的，孩子年龄小，词汇比较贫乏，语言组织能力不完善，有时想要描述一件事情，但却不知如何表达出来。因此，要指导家长首先为孩子建构一个阅读的天堂，设立专门的阅读区，创设充满童趣化、舒适惬意的阅读环境。可以在家中选择一处环境舒适、光线充足的角落，布置好书桌、书架及地毯，让孩子随意选取自己喜爱的图书，自主地坐在松软的地毯上或书桌前沉浸在阅读的海洋里。其次，要指导家长养成阅读的习惯，家长经常阅读看报，对孩子起到榜样的作用。建立家庭小图书馆，养成阅读的好习惯，积极创造一个轻松愉悦的亲子阅读氛围。此外，要指导家长善于挖掘大自然的阅读宝藏。大自然为孩子提供了丰富的阅读材料和广阔的阅读空间，家长带孩子外出散步，在与马路、广告牌、路牌、橱窗、图书馆、公园、乡间小路的零距离接触中，可以充分感受阅读的多元化，产生喜阅、乐读、善谈的良好阅读习惯与阅读情感。

（三）指导家长选择适宜的阅读材料

如何选择丰富适宜的亲子阅读材料，也是指导家长开展早期亲子阅读的重要内容。因为，多元化亲子阅读材料的适宜性选择是促进孩子语言思维发展、提高孩子早期阅读能力的关键。作为家长，要明确选购材料的具体内容。首先，多元化拓展孩子早期阅读的材料，能较好地体现以孩子发展为本的现代养育理念。激发孩子进行自主广泛阅读的兴趣，最大限度地满足孩子对不同阅读材料的多元化选择需求，帮助孩子在与多元化阅读材料的互动中逐渐获得一种自我调适、自我纠正的阅读技巧，拓展孩子的生活学习体验并形成良好的主体阅读意识。其次，选购早期的读物时要结合孩子身心发展的特点，充分尊重孩子的个性和兴趣，注重文体和形式的多样化。比如，0～1岁的孩子喜爱听好听有趣、富有节奏的儿歌，喜欢看色彩对比强烈、内容简单的图画书，因此，家长在选购亲子阅读材料的时候要注意画面简单，情节简单重复，主题积极向上。1～2岁的孩子已经可以在阅读中体验情感、理解生活了，因此，家长在选购亲子阅读材料的时候要注意主题鲜明、紧贴生活、经验扩大。家长在给孩子阅读故事的时候，要全身心、全情地投入，这样可以与孩子产生共情。2～3岁是亲子阅读的关键期，家长在此阶段为孩子选购亲子阅读材料时要注意涉及面广、题材丰富、可以预测情节发展的图书，内容丰富且更为深刻，可增加孩子的理解力，如一些充满语言性质的故事等。此外，对于以前看过的书，家长不要扔到一边，要“温故”才能“知新”，家长要带着孩子对于已经阅读过的材料进行再阅读，增强孩子的语言感知，提升孩子的语言表达能力和语言理解能力。

（四）指导家长综合运用对话式、合作式、互动式的亲子阅读技巧

亲子阅读说起来容易，真正做好并非易事。亲子阅读贵在坚持。父母每天应安排一段固定的时间与孩子共读，不是单纯地给孩子讲故事，而是运用多样的阅读方法，让孩子在听一听、讲一讲、看一看、玩一玩的阅读过程中感受、掌握、体验阅读内容，唤起孩子的创造力、想象力，促进孩子的认知发展，为孩子的语言发展打下良好的基础。婴幼儿图书阅读是指其借助于生动活泼、色彩变化的图像，在成人的指导与帮助下，理解低幼读物内容的一种视听结合的过程。孩子的图书阅读与成人所认为的阅读不能等同，婴幼儿主要是感官上的需要，只要有有趣的物品、可爱的动物、色彩鲜艳的画面及与自己熟悉的生活经验相似的内容，他们都感兴趣，其兴奋点只是图书中的形象与色彩，如果不了解孩子的需要，只按成人的标准要求孩子，阅读难度会加大，孩子的阅读兴趣也会减弱。成人的情感、言语是婴幼儿喜欢看图书的重要影响因素，故应定人、定时、定内容的去指导孩子阅读图书，培养其阅读的行为与兴趣习惯。要结合家庭中孩子的具体情况，指导家长综合运用对话式、合作式、互动式的亲子阅读技巧。

1. 对话式亲子阅读 怀特赫斯特（Whitehurst）认为对话式亲子阅读方式对提高幼儿语言思维能力非常有效。对话式亲子阅读实质上是指家长通过不断提示让幼儿说出读物的内容，并及时给予指导和评价的一种方式。对话式亲子阅读过程中，要求家长对图书中的每页内容都进行“对等式”交流，尽量减少文字的阅读，把更多的空间和机会留给孩子。“对等式”交流是对话式亲子阅读最基本的方法，具体包括C、R、O、W、D五种类型（表5-2）。

表5-2 CROWD对话式亲子阅读

C	（completion）补充型提示
R	（recall）回忆性提示
O	（open-ended）开放型提示
W	（wh-question）特殊性/封闭性提示
D	（distancing）间距型提示

C（completion）即补充型提示：当阅读材料中出现押韵或重复性短语时，便可提示让孩子重复或者补充，以更多地了解到语言结构的知识。R（recall）即回忆性提示：针

对孩子读过的内容提问，以帮助孩子理解材料中的故事情节。O（open-ended）即开放型提示：针对画面信息丰富的阅读材料，最好采用开放式提问，以提高和训练孩子语言的表达能力，同时鼓励孩子勇于表达多元的答案。W即特殊性/封闭性提示：包括“是什么（what）”“在哪儿（where）”“什么时间（when）”“为什么（why）”，从而增强故事的趣味性。D（distancing）即间距型提示：要求孩子将书中的内容与自己的实际生活经验联系起来，以搭建书本与现实生活世界的桥梁。

另外，在阅读的不同阶段，家长应该根据孩子的反应及时有区别地提问。首先，由于孩子的思维跳跃较快，面对孩子的提问，家长要及时有区别地反馈；其次，鼓励孩子大胆表述，并用手机录下来，然后放给孩子听；再次，家长要准备一些可以操作的材料，要善于在游戏中引导孩子，利用看图识字、猜谜语、说反话、朗诵、复述、编故事、角色表演等方法，让孩子感受阅读的乐趣，引导孩子善于表达、学会阅读。

2. 合作式亲子阅读　合作式亲子阅读是指家长与孩子围绕亲子读物展开有效沟通交流的亲子阅读形式。在这个过程中，家长既是阅读者又是亲子阅读的引导者、支持者，要求家长合理地运用提问方法，巧妙地通过肢体语言引导孩子关注读物。合作式亲子阅读的具体过程：首先是自主讨论，家长和孩子围坐在一起，就阅读材料做自由讨论；其次采用讲述提问法，父（母）讲述，或边讲边提问，解释疑难，根据孩子的情绪反应及肢体动作引导孩子理解阅读材料；再次是角色扮演法，家长与孩子以动作扮演或口头扮演的形式，担任阅读材料中的某一角色动作表演或进行对话等；最后是移情法，让孩子站在阅读材料中的某个角色的立场思考问题，鼓励孩子勇于表达自己对故事的想法和感受，如：“如果你是脏脏的小猫，大家不喜欢和你玩，这时候你会怎么办呢？”尽量引导孩子将故事中的事件与日常生活相联系，并对孩子的表达做出敏感的回应。

3. 互动式亲子阅读　亲子阅读是一种社会性活动，具有互动性，因此，亲子阅读非常强调阅读之中亲子的相互作用，这也是体现亲子阅读独特价值的关键。互动式的亲子阅读是一种能促进孩子早期阅读能力发展的模式，主要有平行式、垂直式和交叉式三种类型。

首先，在平行式亲子阅读中，父母以观察者的身份主动地观察，倾听孩子自己对故事的描述，鼓励孩子大胆想象，让孩子尽情自由发挥，展示想象力。在观察中，父母可以看到孩子现有的阅读发展水平，使自己的指导有的放矢。其次，在垂直式亲子阅读中，父母以指导者的身份引导孩子有序地观察图画，示范如何对图画进行观察与描述，提高孩子的思维力、表达力、观察力。当孩子就自己不理解的概念或情节提出问题时，父母可以结合孩子的日常经验，以合适的方式给予及时的解答。最后，在交叉式亲子阅读中，父母以参与者的身份进行亲子共读，一起讨论问题，一起进行角色扮演，一起制作小图书等。家长参与亲子共读，不仅可以体验共享阅读的快乐，促进亲子情感的融合，还可以激发孩子的阅读兴趣，提高孩子对阅读材料的理解能力和感受能力，帮助孩子掌握有序翻阅等基本阅读技能。

总之，亲子阅读重在家长、乐在过程、优在兴趣、趣在语言、贵在方法。通过创设适宜的环境，选择多元的阅读材料以及运用合作、互动、对话的有效指导方法，不仅可以让孩子感受阅读的乐趣，促进孩子对相关情节、概念的理解，还有助于孩子养成良好的阅读习惯，学会理解和倾听，更有助于开启孩子健康阅读的智能之门，在快乐的知识海洋里遨游，为孩子的终生学习及健康成长打下良好基础。

三、促进家长学会亲子语言游戏的方法

亲子游戏是婴幼儿语言发展的催化剂。游戏是孩子最喜欢的活动，在游戏中他们体验快乐，变得更加积极。而亲子游戏恰恰是婴幼儿游戏的一种重要形式，它不仅让成人和婴幼儿都体验到了快乐，更重要的是，它促进了成人与婴幼儿的相互交往，让彼此的关系更加亲密。同时，亲子游戏也可以促进孩子多元智能的发展，尤其是语言方面的发展。在日常生活中，家长可以借助亲子语言游戏的机会帮助孩子发展语言，如儿歌、童谣等。和语言相关的亲子游戏主要有语音游戏、语法游戏、词语游戏、句子游戏等，这些都有助于指导孩子全面发展语言能力。在亲子游戏中，孩子不仅能学到知识，还能初步理解人和物的关系。特别是在亲子游戏过程中，无论是通过与家长的语言沟通，还是通过自身的语言表达，孩子的语言能力都在快速地提高着。

（一）指导家长帮助孩子理解游戏规则

在听说游戏开始时，要向孩子提出一定的要求，接下来布置活动的任务，并对任务做出解释，讲解示范游戏的规则。这一过程对孩子的倾听提出了具体要求。能否理解游戏的规则、听懂布置的任务，直接影响孩子参与游戏的状态。因此，这对孩子的倾听能力具有一定的挑战性。可以说，这方面能力的培养，将有利于孩子在所有交往场合的倾听水平，甚至对孩子进入小学阶段之后的学习都十分有益。

（二）指导家长帮助孩子听懂游戏的指令，把握游戏进程

听懂游戏的指令，能够把握游戏的进程是家长与孩子之间进行亲子游戏的重要内容。在游戏过程中，孩子需要随时对游戏中传出的指令信息做出相应的反应。例如：游戏“指一指、听一听”中，家长的一个口令即是一个指令，问“耳朵、鼻子、眼睛、眉毛”，孩子听后要立刻用手指出来。亲子游戏中的指令信息是比较简单迅速的，孩子在游戏中必须敏锐地感知，否则将无法进行游戏。亲子游戏中家长提出的这样一些要求可促使孩子主动地、自觉地去捕捉、倾听指令信息。有研究证明，孩子的语言智能是一个自主学习的过程，并不是家长教的结果。只有孩子有了主动性和兴趣，他的语言智能才能够得到充分的

发挥和发展。有时家长强求只会让孩子精神紧张而影响学习效果，所以，不妨为孩子创造一个良好的语言环境，让他顺其自然地发展。只有把大量的语言输入孩子的头脑里，才有可能使他获得丰富的输出。家长在孩子语言习得过程中要注意创设良好的语言示范环境，给予充足的语言练习时间，提供各种各样的孩子可以模仿的机会，这样孩子就会在自然的环境中通过倾听、模仿、观察、练习等方式实现语言的自然习得。

（三）指导家长根据孩子的特点开展适宜的语言类亲子游戏

孩子从第一声啼哭开始就已经和家长之间有了语言游戏的第一次“对话”。婴幼儿感知语音的能力是获得语言的基础，词汇、句子和语法是婴幼儿语言学习的重要内容，因此语音游戏、句子游戏、语法游戏和词语游戏是亲子语言类游戏中比较常见的种类。针对不同年龄段，家长为孩子选择的语言类亲子游戏的侧重点是不一样的。针对0～1岁的孩子的语言类游戏主要是语音练习的游戏，如常见的“模仿发音练习”“说儿歌”“摇响铃”“拍拍手”“点点头”“摇摆身体听童谣歌曲”等。1～2岁是婴幼儿语言发展最为迅速的时期，从简单的一个词到说出一个完整的句子，这个阶段的孩子具有强烈的好奇心。针对1～2岁的孩子，家长可选择的语言类亲子游戏有“小小购物狂”“玩娃娃”“我说你做”等，这个阶段主要以听说游戏为主，听说游戏与其他语言类游戏不同，婴幼儿在参与听说游戏时具有更多的主动性和自主性。此外，在听说游戏中，听与说是永远相伴而存在的，以游戏的方式组织的听说训练，对婴幼儿倾听能力的提高具有特殊的作用。

讨论与思考

1.婴幼儿语言发展有哪些基本特点？

2.婴幼儿家庭语言养育的基本任务及主要方法各有哪些？

3.婴幼儿家庭语言养育指导的具体方法有哪些？

4.运用婴幼儿家庭语言养育指导的方法，分析婴幼儿语言发展的特点。

5.家长如何运用科学合理的方法及方法，对婴幼儿的语言发展展开养育？

扫码看本章PPT

（尹金鹏）

第六章 婴幼儿家庭社会养育与指导

1.掌握婴幼儿社会性发展的内容。

2.掌握婴幼儿社会性发展的特点。

3.熟悉婴幼儿家庭社会养育的任务和方法。

4.运用家庭社会养育知识帮助家长开展婴幼儿家庭社会养育指导。

情景导入

在婴幼儿的成长初期，经常会出现令父母困惑的问题，感觉孩子越大越不听话，不知道应该如何管教。小玲的妈妈说："小玲现在14个月，很喜欢翻东西，经常打开抽屉盒子把刚收拾好的东西都倒出来，而且显得很得意，感觉有她出现的地方，永远都是乱糟糟的！""乐乐也是，他现在16个月，一旦得不到自己想要的东西时，他就会发脾气，胡乱地打碎东西。如果我们离得近，他还会向我们扔东西。唉！还不如小时候听话。最麻烦的是在公共场合，一旦开始耍脾气，就大哭大闹，怎么样都止不住！"另外，还有些孩子很容易出现分离焦虑，有些孩子非常胆小，有些孩子则非常爱抢别人东西……

请思考：为什么会出现这样的现象？我们怎样对这些家长进行疏导并帮助他们开展科学的家庭社会养育呢？

第一节 婴幼儿社会性发展

一、婴幼儿社会性发展概述

婴儿从出生起就开始适应社会环境、认识社会、建立各种社会关系，实现从"自然人"向"社会人"的转变。婴幼儿社会性发展的内容分为社会认知、社会情感、社会行为

等几个方面，主要体现在自我意识、对他人的认知、对社会环境及规则的认知、情绪社会化、依恋、道德感、亲社会行为等方面。0～3岁婴幼儿社会性发展的特点主要包括整体系统性、模仿学习性、阶段情绪性等方面。这些特点提示我们要重视婴幼儿社会情感的培养，同时也要提高婴幼儿社会认知的能力，更重要的是培养婴幼儿良好的行为卫生习惯和生活自理能力。

人的许多良好行为习惯与品质都是在生命的最初阶段获得的，因此，必须把握并创造机会，为婴幼儿提供各种适宜的环境资源，利用日常生活与游戏活动培养其良好习惯，开启他们发展的各种可能性。

二、婴幼儿社会认知发展的特点

（一）婴幼儿自我意识发展的特点

1. 婴幼儿自我意识的发生与形成　自我意识是人对自己以及自己与客观世界的关系的一种认识，由知、情、意三方面构成。具体说来，包括自我感觉、自我理解、自我概念、自我感受、自尊、自爱、自我控制和自我掌握等。

相关研究认为，婴幼儿在出生时没有自我意识，他们不能把自己同外界环境区分开来，所以会经常把自己的小手或小脚当玩具来玩，当与他人交流时，也经常将自己说成“宝宝”。由此得出：自我意识是在后天的生活中，在个体与客观环境的相互作用中逐渐形成的。

第一阶段：0～10个月。在出生后的最初几个月，婴儿的身体和神经系统迅速发展，他们通过一些令他们愉快的动作，如嘬手指、转头、挥动手臂、踢腿等，来了解和接触这个新的世界。有关研究发现，婴儿出生后不久就经常注意挂在墙上的母亲的照片及悬在灯下的红色中国结。不到2个月，就开始出现吮手的动作。2个半月左右时，当婴儿看到墙上贴着的画报时，会微笑并对着它发出声音。4个月时，婴儿开始喜欢摇摇棒、捏发声的玩具，动作转向外部环境，但这时婴儿还把自己的身体当作玩具来玩耍，他们会嘬手指，用自己的小手搬弄小脚，同时伴随着呀呀声。从八九个月开始，很多家长会发现：如果婴儿不小心把手里的玩具掉到地上，当成人捡起来时，他们就会有意把玩具反复扔到地上。其实，他们是在反复的过程中，逐渐区分自己的动作和玩具间的关系。这时，婴儿已经出现愤怒的情绪表达，这一情绪能增加婴幼儿对自我的感受和体验。而成人对婴儿的愤怒态度所产生的反应对其自我意识的发生起着重要的作用。

第二阶段：10～18个月。10个月之后，婴儿的自主意识开始发展，他们会要求自己做事情，如自己拿勺子吃饭、喝水，拒绝成人的帮忙。11个月之后，他们会把镜子当作游戏伙伴，亲吻它，和它贴脸。在13个月左右时，婴儿开始区分自己和别人，并且能通过照片来指认自己，也能在和其他婴儿的合影中准确地找出自己。15个月时，婴儿开始把自己作为客体来认识，他们能发现点在自己鼻子上的红点，并伴随一系列的动作和表情，如用手捂自己的鼻子、脸红、扭头等，这时婴儿的自我意识情绪开始发展。此外，这时的儿童在心理上渴望得到他人的注意、接纳、支持、喜欢，所以就通过言语、身体姿态、面部表情等方式来展示自己，从而获得他人肯定的情感体验。所以，家长经常会发现，1岁之后，小孩喜欢向周围的人展示自己，如刚买的新衣服、新玩具等。

第三阶段：18～36个月。1岁半之后，婴儿明显增加了控制性微笑，表明婴儿已经能意识到自己可以通过努力完成某些事情。2岁左右的婴儿已具有用言语表达自己的能力，逐渐从第三人称转变到第一人称，这是自我意识的巨大进展。两三岁的婴儿的约束性开始逐步发展，他们开始心甘情愿地遵从成人的要求而约束、调节自己的行为。

2. 婴幼儿自我意识的发展 婴幼儿自我意识的发展主要表现在自我评价、自我体验及自我控制这三方面。随着年龄的增长，自我意识呈现出由低到高的发展趋势，首先是自我评价的发展，其次是自我体验的发展，最后是自我控制的发展。

（1）婴幼儿自我评价的发展特点：

1）婴幼儿从主要依赖成人的评价，逐渐向自己独立评价发展。在婴幼儿初期，他们的自我评价往往只是简单重复成人的评价。在婴幼儿晚期，他们开始出现独立的评价。如果成人对他的评价不符合他自己的评价，婴幼儿会提出疑问，甚至表示反感。

2）婴幼儿的自我评价从带有主观情绪性发展到初步的客观性。

3）婴幼儿的自我评价从笼统、抽象逐渐向比较具体和细致的方向发展。总的来说，婴幼儿的自我评价能力还很差，成人对婴幼儿的评价在其个性发展中起着重要作用。因此，成人必须对儿童做出适当的评价，才能促进婴幼儿自我评价的健康发展。

（2）婴幼儿自我体验发展的特点：

1）婴幼儿的自我体验由低级向高级发展，由生理性体验向社会性方向发展。如婴幼儿的愉快和愤怒是生理需要的表现，委屈、自尊和羞愧是社会性体验的表现。

2）婴幼儿自我体验的发展水平不断深化。幼儿的各种自我体验都随年龄的增长而深化。如对愤怒感的情绪体验，从“会哭”“不高兴”“会生气”到“很生气”“很恨他”逐步发展，由此看出，幼儿体验的深刻性在不断加强。

3）婴幼儿自我体验具有受暗示性。在婴幼儿自我体验的产生中，年龄越小的婴幼儿受暗示性体现得越明显。家长应该充分注意婴幼儿受暗示性强的特点，多采用积极的暗示促进婴幼儿良好道德情感的发展。同时，要注意避免消极暗示对婴幼儿行为的不良影响。

（3）婴幼儿自我控制发展的特点：婴幼儿自我控制能力的发展主要表现在坚持性和自制力的发展方面。由于年龄较小，婴幼儿自我控制能力还较差。研究者们通过延迟满足（让幼儿看着糖等待一会儿再吃）、控制运动行为（让幼儿以很慢的速度画一条直线）、

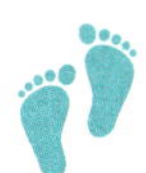

停止和启动游戏（让幼儿玩“红灯停，绿灯行”的游戏）等试验，发现当幼儿30个月大时，在这些任务中已经有了较为稳定的表现。认知和语言的发展，加上高敏感度的、支持的养育方式，能很好地促进婴幼儿自我控制的获得。

2～3岁幼儿需要大量的机会来掌握并实践各种发展的技能，成人除了要为婴幼儿提供更具支持性和安全性的环境外，还要悉心地指导其学习社会性规则和技能，这样做有利于幼儿发展与他人交往的自我控制能力。

（二）婴幼儿对他人认知的发展特点

婴幼儿对他人的认知往往是从辨别他人的外形特征、行为表现开始的，首先是发现他人的外形与自己不同，知道他人的称呼，效仿他人的行为，最后才把他人看作独立的人。

1. 对他人外形的认知　2岁之后，婴幼儿能发现他人在外形上的差异，如幼儿会把穿白大褂的人都称为医生，分不清医生和护士，看到年龄相仿的，都统称为“哥哥”或“姐姐”，不能辨别其中的亲属关系。

2. 对他人心理状态的认知　能通过行为特征来理解他人的内在情绪，但不能准确认知他人的情感、动机与社会需要。

3. 自我中心的态度　婴幼儿一般都处于自我中心的阶段，容易受自己经验的误导，以为别人和自己都是一样的想法。

知识扩展6-1

（三）婴幼儿对社会环境和规范认知的发展特点

婴幼儿对社会环境的认知特点表现为：由近及远，由简单到复杂，逐步扩展和深化。

有研究指出：婴幼儿的思维及解决问题等高级心理过程的发展首先是在幼儿与成人的交往中完成的，然后经过内化以能力的形式表现出来。当婴幼儿与成人交往时，婴幼儿并不是被动地接受成人的指导，而是积极主动地寻找和组织成人及周围环境。

各项研究证明：社会交往对婴幼儿的认知发展有重要影响。社会交往影响着婴幼儿的注意水平、问题解决能力等方面的发展。例如，在父母中等程度参与的情况下，注意保持的时间最长，而父母的高度参与会使婴幼儿体验到太大的压力，其注意保持的时间反而不长。

此外，婴幼儿的游戏水平与其认知发展之间也存在密切的关系，合作游戏比单独游戏更能促进儿童的认知发展。如母亲和儿子一起游戏，相对于孩子单独玩耍，儿童游戏持续的时间较长，游戏的水平也较高。由此可知，婴幼儿与成人间的交往能够促使婴幼儿形成新的认知能力。

三、婴幼儿社会情感发展的特点

初生的婴儿还没有形成情感，其情绪的表现形式也比较单调，个体间差异较小。随着儿童年龄的增长，其参与社会实践的机会增多，使其形成抚养者或其所处的社会文化背景所期望的情感表现形式。但是，父母对婴幼儿情感发展的作用受到社会环境因素、亲子交往的特点、儿童的年龄及气质特点等因素的制约。

0～1个月时，由于刚开始适应新的环境，婴儿消极的情绪比较多；2个月以后积极的情绪逐渐增加，当吃饱而又温暖的时候，可以看到比较活泼的、微笑的表情，特别是对妈妈或亲近的人，常有一种特有的表情；五六个月后，宝宝对颜色鲜艳或发声的玩具特别感兴趣。因此，为了培养宝宝良好的情绪状态，经常跟宝宝交往，并且给他以适当的玩具，是非常必要的。如果宝宝没有活动的自由，没有适当的玩具，也不跟成人交往，即使充分满足了他的生理需要也不会有良好的情绪，也会出现表情呆滞或爱哭等情况，这对宝宝身心发展是很不利的。这个时候的孩子对兴趣、快乐的认识主要是感觉意义上的，所以说幼儿需要及时享受而不可以延迟和反思。因此，我们在进行情感养育时要考虑怎样使儿童感到快乐，情感养育目标的实现也必须在引起幼儿兴趣、快乐的前提下才能实现。

（一）婴幼儿亲子依恋的形成与发展

亲子依恋指婴幼儿和照看人之间亲密、持久的情感纽带关系。在6～12个月时，婴儿会对生命中的重要他人产生依恋。依恋发展的第一步是学会区分熟悉的人和陌生人，随后婴儿会对特定的人产生依恋。这通常可以从婴儿的两种表现中看出来：当依恋对象离开时，婴儿表示抗议；当依恋对象和婴儿重聚时，婴儿欢欣鼓舞。大部分婴儿的首要依恋对象是母亲，因为母亲能为婴儿提供持续不断的关爱和及时的回应，婴儿能从母亲处获得安慰。随后，婴儿还会发展出对父亲、对祖父母、对哥哥姐姐等的依恋。在婴儿期，舒适和信任对依恋的发展十分重要。

鲍比尔提出的习性学理论是目前被广为接受并使用的依恋理论。他认为婴幼儿和照料者之间形成依恋的行为过程具有生物倾向。依恋不是突然产生的，而是在一系列阶段中发展起来的。婴幼儿的依恋经历四个发展阶段：

1. 前依恋阶段（0～2个月） 社会反应无差别，此阶段又叫无区别的依恋阶段。

2. 依恋产生阶段（2～7个月） 婴幼儿能够分辨陌生人和熟悉的人。

3. 依恋明确阶段（7～24个月） 特定依恋对象形成；分离抗议；对陌生人警觉；主动交流。

4. 目标矫正阶段（24个月以后） 婴幼儿能意识到他人的情感、目标和计划，开始理解父母的需要。

婴幼儿对母亲和父亲的依恋程度基本是相同的，但是因为通常是母亲和婴幼儿在一起，所以，对婴幼儿起主要影响作用的是母亲。母亲是否能够敏锐、适当地对婴幼儿的行为做出反应，是否能积极地同婴幼儿接触，是否在婴幼儿哭的时候给予及时的安慰，是否能在拥抱她的婴幼儿时更小心体贴，是否能正确认识婴幼儿的能力及软弱性等，都直接影

响着这种母子依恋的形成。亲子依恋安全性越高，婴幼儿的攻击性行为就越少，就越喜欢帮助别人，从而也更受同伴欢迎。

（二）婴幼儿道德情感的发展

在婴幼儿时期，已经产生了初步的道德情感，如同情心、责任感、互助感等，这个时期的婴幼儿在与成人的交往中，自我意识得到了进一步发展。

如当自己和别人的言行受到表扬时，婴幼儿便产生高兴、满足、自豪的情感体验；当自己受到批评时，婴幼儿便产生羞愧、难受、内疚的情绪体验。这时，婴幼儿对他人和自己的行为是否符合道德标准产生了最初的体验。同时，也出现了最初的爱与憎。例如，当看到小人书上的大灰狼、灰狐狸时，就用手、拳头去打它；而当看到小白兔战胜了大灰狼时，便高兴得拍手大叫。但是这时婴幼儿的道德情绪体验还是比较浅的，一般都是成人强化的结果。

（三）亲子关系的形成

亲子关系即父母与子女的关系。这种关系是孩子接触到的第一种人际关系。亲子关系不和谐可能会给婴幼儿情感的发展带来严重的负面影响，甚至导致其长大成人后情绪控制能力低下。

在大多数家庭中，亲子关系具有明显的不平等性，父母永远处于主导地位。现实生活中，亲子关系的不和谐主要表现为父爱、母爱的扭曲：一是溺爱，父母对子女过分迁就，孩子凡事容易以自我为中心，形成自私、骄傲、任性等不良性格。二是专制，父母不顾孩子的兴趣、爱好，要求孩子一味服从家长的意愿。这种家庭独裁带来的后果往往就是孩子的情绪总受到压抑，如此下去，其良好的情感发展就会受到阻碍。正常的父母之爱应该是一种理解、尊重、理智之爱。孩子是自己情绪情感的主人，家长要理解和尊重孩子的情感需要和情感体验，父母和子女之间需要的是情感的交流、沟通和应答，父母要克服自身情绪情感的不良表达方式，如暴躁、武断、独裁等。

四、婴幼儿亲社会行为发展的特点

亲社会行为是指人们在社会交往中对他人或社会有积极影响的行为，如帮助、分享、合作、谦让等。婴幼儿很早就表现出利他行为，这种行为随着婴幼儿社会化认知的发展而逐步变化。婴幼儿亲社会行为的发展总的来说可以分为五个阶段：①初始阶段：对他人需要的注意阶段；②亲社会行为意图确定阶段；③意图和行为建立联系阶段；④发展阶段：享乐主义的、自我关注的推理阶段；⑤需要取向的推理阶段。婴幼儿的亲社会行为主要表现在助人与分享、合作、安慰与保护、谦让等几个方面。此外，婴幼儿的亲社会行为主要指向同伴，极少数指向长辈；合作行为最为常见，其次为分享行为和助人行为，安慰行为和公德行为较少发生。

（一）婴幼儿助人与分享行为发展的特点

1. 助人行为 助人就是对有困难者或急需帮助者提供各种形式的帮助。研究发现，婴幼儿的助人行为是随着年龄的增长而变化的，当有其他婴幼儿在场时，婴幼儿会由于恐惧减少而增加助人行为。此外，当有其他两人在场时，助人行为的概率会大大增加，这是因为有多人在场，可以增加相互沟通，从而减少由特定情境引起的紧张与恐惧，从而表现出较多的助人行为。研究还发现，同成人良好的情感联系以及成人的榜样行为会增加婴幼儿的助人行为，而且，成人的榜样行为可以增加婴幼儿对于规范和正确行为的认知理解。

2. 分享行为 分享是亲社会行为的一种，是指婴幼儿在有他人存在的场合能将物品公正地共同享用。有研究表明，婴幼儿存在着不同程度的分享行为，行为的自觉性和主动性程度有时也会有不同。如有的婴幼儿是完全自愿的，有的是在启发下发生的。如在食物分享中，有的婴幼儿能主动分享，有的犹豫不决。婴幼儿分享食物和分享玩具的行为不同，多数婴幼儿在分享玩具的行为中，独占的较少；在分享食物的行为中，不易与其他婴幼儿分享。所以很难从一个3岁的孩子手上拿走食物。但是，也有研究表明，独生子女愿意与人分享的比例更高，比有兄弟姐妹的孩子更慷慨。

（二）婴幼儿合作行为发展的特点

合作是多人共同活动、协同实现活动目标的行为。合作行为在婴幼儿出生后的第二年开始发生并迅速发展。此外，幼儿的合作行为随着年龄增长而不断增加。有研究表明，12个月的幼儿很少表现出合作性游戏的意识，他们基本上不能解决问题。而绝大多数18～24个月的幼儿产生了合作性游戏的意识，24个月的幼儿在与同龄人玩耍时能够相互协调行为，以达到共同的目标，而18个月的幼儿还比较困难。24～30个月的幼儿更能相互协调，能围绕任务表现出相应的相互配合的行为。在婴幼儿的亲社会行为中，合作行为最为常见，同伴对婴幼儿的合作行为多做出积极反应。

（三）婴幼儿安慰与保护行为发展的特点

婴幼儿早期就会对他人的悲伤情感做出不同反应，并逐步发展出复杂的亲社会行为。这个时期的婴幼儿不仅有能力区分他人的需要和利益，而且还可以对周围人的情感性悲伤以亲社会的方式进行反应。有研究表明，婴幼儿早期的反应包括最初的看着悲伤者哭泣、呜咽、大笑和微笑。这些反应随年龄的增长而增加，并逐渐被其他一些反应所替代，如寻找看护人、模仿具有利他性或亲社会性干预的企图。这些亲社会性干预也随着年龄的增长变得越来越复杂。如一个69周的幼儿把他的瓶子递给疲劳的母亲，然后躺在母亲的身边，轻拍她，看着母亲用瓶子喝水。

（四）婴幼儿同伴关系的发展特点

同伴关系是婴幼儿社会能力发展的重要依托。婴幼儿在家庭以外的社会第二大系统里运用从家庭学到的知识和技能，可习得一些新的知识和技能。婴幼儿通过在游戏中与同伴互动，逐渐摆脱自我中心，学习分享、合作、沟通，也学习如何解决冲突。

婴幼儿的同伴关系是通过相互作用的过程表现出来的。这种关系的基本趋势是，从最初的简单的、零散的相互动作逐步发展到各种复杂的、互惠性的相互作用。这是一个从简单到复杂、从低级到高级、从不熟练到熟练的过程。而且，在不同的年龄阶段，婴幼儿的同伴关系表现出不同的发展特征。

有研究认为，婴幼儿期同伴之间的相互作用是按一定的阶段发展的，可以划分成以下3个阶段。

1. 客体中心阶段　婴幼儿的相互作用主要集中在玩具或物体上，而不是婴幼儿本身。10个月之前的婴儿，即使与同伴在一起也是把对方当作活的玩具来看待，互相撕扯，或咿咿呀呀地说话。

2. 简单相互作用阶段　婴幼儿已经能对同伴的行为做出反应，并常常试图去控制对方的行为。比如，A因为不小心碰着了自己的小手而大哭起来，这时，B看见A哭了，也跟着大哭起来，A看见B跟他哭起来，似乎觉得挺好玩，自己的哭声就更大了。

3. 互补的相互作用阶段　社会交往更为复杂，模仿行为已经普遍出现，还有互补或互惠的角色游戏。如一个逃，一个追。在发生积极的相互作用时，还伴有消极的行为，如打架、揪头发、抓脸和争玩具等。

第二节　婴幼儿家庭社会养育的任务与方法

一、婴幼儿家庭社会养育的任务

家庭在婴幼儿社会化养育中的主要任务有：教导基本的生活技能；教导社会规范，培养初步的社会道德；培养社会角色；形成个性等。比如，家长要引导孩子正确认识自己和他人，养成对他人和社会亲近、合作的态度，学习初步的人际交往技能；教给孩子一定的生活技能，比如吃饭、穿衣、洗漱，形成一定的生活自理能力；养育孩子爱护公共环境，爱护公物。婴幼儿阶段的家庭社会养育发展任务主要有：学习走路；学吃固态食品；学习说话；学习排泄；性别差异的学习 ；生理性稳定地达到；形成有关社会的、物理的、现实的单纯概念；与父母、兄弟姐妹间人际关系的学习以及善恶的区别。

婴幼儿社会养育的内容几乎涉及了婴幼儿社会生活的各个方面，包括一切有助于促进婴幼儿的社会性发展，能使婴幼儿获得必要的情感体验、经验和生活方式的东西，包括自我意识、人际交往、社会环境等。

（一）自我意识

自我意识的内容主要包括婴幼儿对自己的意识和对他人的态度，比如婴幼儿对自我存在的认识和体验，知道自己的名字、性别、自信、自尊等。培养积极的自我意识是婴幼儿心理健康和人格形成的核心内容。发掘自我的过程也是发掘一个人内在潜力的过程，让孩子从小养成和确立一种自我意识，对他们今后跨入社会、面对挑战有莫大的帮助。

（二）人际交往

人际交往是人类社会生活的必然，婴幼儿通过初步的人际交往，逐渐获得社会性，但是婴幼儿人际交往的范围小，程度浅，交往获得的结果具有很大的后续性，即成为后面的经验，对婴幼儿而言，人际交往的内容主要有两种。

1. 与成人交往 父母的名字、职业、亲人之间的情感是人际交往养育的最初内容。当婴幼儿成长起来，进入幼儿园托班的时候，与老师和其他人员的交往就成了新的内容。

2. 与同伴交往 除了与成人的交往，婴幼儿的交往主要是与同伴的交往。一般说来，婴幼儿的同伴主要是社区或者其他场所认识的小伙伴，由于身心特点的相似，更具有交往的平等性和体验的共鸣性。

学会与人相处的前提是学会与自己相处。首先，家长可以帮助婴幼儿认识自己，并在活动中鼓励婴幼儿尝试、选择和决定，建立婴幼儿的自信，引导他们欣赏自己。其次，给婴幼儿稳定而充足的爱和安全感，使婴幼儿体验与人相处的快乐，从而愿意与他人建立联结。再次，要在游戏中与婴幼儿互动，提高其社会交往的技能技巧。最后，鼓励婴幼儿与同伴交往和互动。家长是婴幼儿社会化的引导者，应多给婴幼儿提供社会交往的环境与自由活动的机会，以此来促进其社会性的发展，树立正确的人际交往态度和价值观。

（三）良好的习惯

我国著名教育家叶圣陶曾经说过：养育就是培养习惯。俗语道：少成若天性，习惯成自然。家庭养育要培养婴幼儿良好的生活习惯、卫生习惯、道德行为习惯和学习习惯等。

婴幼儿年龄小，是非辨别能力差，家长在婴幼儿的生活当中要不断地、适时地给孩子提出各种规则与要求，在婴幼儿自己通过体验来构建道德概念的同时，家长也应该主动地帮助婴幼儿建立一些规则。比如，不干扰别人，使用别人的东西一定要经别人的同意等。家长要结合婴幼儿各个时期的发展特点来帮助他实现良好习惯的培养。比如，孩子在7～9个月的时候喜欢捡小东西，如一根头发丝、一个小纸片，甚至一个瓜子壳。如果这个时候妈妈将孩子捡起来的东西帮其丢到垃圾桶里，而不是将孩子手里的“垃圾”打落在地，这

就是对婴幼儿行为的正确规范，在帮孩子建立规则：垃圾要丢进垃圾桶里。

（四）社会环境

个体一旦进入社会，便接受社会方方面面的影响，完成从“自然人”向“社会人”的发展。为了适应社会，学习有关社会环境与行为规范的知识是每个个体所必需的，对婴幼儿而言，可纳入其学习内容的应是最贴近幼儿生活、最具有启蒙价值的东西。具体包括：

1. 家庭　家庭是婴幼儿最熟悉的环境之一，对家庭及其行为规则的学习是社会养育中的必要内容。家庭地址、通讯方式、家庭用品、家庭一般成员之间的简单关系、家庭中一般的行为规则均可成为养育的内容。

2. 社区与家乡　随着婴幼儿年龄的增长和生活经验的增加，他们的活动范围不再局限于家庭里，而是扩展到生活的社区和家乡，如自己生活的乡镇、城市、居民小区、街道、小组等。这时，婴幼儿身边的行政区划的名称、主要设施、著名风景名胜、特产等就成了对其社会养育的内容。对这些内容的养育重点是培养婴幼儿的认识兴趣，关心周围社会，培养其爱护、保护环境的意识。

3. 公共场所及其行为规则　公共场所是婴幼儿接触社会的一个重要途径，如公共交通、医院、商店、公园、广场、银行、邮局等。要养育婴幼儿认识公共设施、遵守公共行为规则。通过对社会规则的学习，婴幼儿会逐步感受到自己和他人、个人与社会的关系，形成简单的行为习惯，逐渐萌发社会小公民的意识。

二、婴幼儿家庭社会养育的方法

（一）讲解交谈法

讲解交谈法是家长与婴幼儿沟通的主要途径，也是家长影响婴幼儿的主要方法，它以语言为载体，发生在亲子交流的每时每刻。家长运用讲解交谈法不仅可以促进婴幼儿语言的迅速发展，还可以充分发挥家长的主导作用，能在较短时间内传递丰富且系统的信息，丰富婴幼儿的社会认知，提高婴幼儿的语言理解能力，使其能够在短时间内获取简单的社会规则，产生移情效应。因此，合理使用讲解交谈法效率较高。

家长给婴幼儿讲解社会交往要求与社会规则时要尽力做到简单易懂，直观形象，与生活结合，“遇物则诲”，以婴幼儿能接受为准则。例如，婴幼儿喜欢摔玩具，经常把玩具摔得到处都是，家长如果单纯规定不能乱扔玩具，婴幼儿就有可能不理解，也可能不愿意改掉这个小毛病。家长可以采取拟人化的方式讲解，告诉婴幼儿：“玩具被摔到地上会非常疼，就像你摔倒了一样，而且摔到地上的玩具还不能回家，它会很想家，也会更加难过，它们以后可能都不爱和宝宝玩了。”这样的讲解符合婴幼儿自我中心“泛灵论”的思维特点，更容易被婴幼儿体会并接纳。此外，家长还可以利用婴幼儿喜欢听故事的特点，将生活道理和常识融合在故事中，有目的地选择故事，启发诱导，“曲线”地将生活中硬邦邦的道理告诉孩子。例如，如果婴幼儿经常做事不认真，三心二意，家长就可以选择《小猫钓鱼》的故事与他一起阅读，在阅读后提醒孩子：“如果我们不专心做事，就容易什么也得不到，只有一心一意，才能钓到大鱼。”这样婴幼儿就更容易理解、接受并记在心里。

（二）实践训练法

婴幼儿的社会学习带有较强的实践性，强调“做中学”，如同岸上无法学会游泳一样，婴幼儿只有在社会交往中才能学会与人交往，在与社会接触的过程中适应社会。家长单纯地给婴幼儿讲解社会规则无法转化为婴幼儿的社会行为，需要孩子在实践中内化。正如英国哲学家、教育家洛克所言：“儿童不是可以用规则教得好的，因为规则总是会被他们忘掉。你认为什么是他们必须做的，就应该利用一切机会，甚至在可能的时候创造机会，让他们进行不可缺少的练习，使这些东西在他们的身上固定下来，这就可以使他们养成一种习惯，这种习惯一旦养成之后，用不着借助记忆，就能自然而然地发生作用了。”例如，对于性格内向、胆小、不喜欢说话的孩子，家长可以有意地在日常生活中寻找契机，鼓励婴幼儿主动表达，主动交往，在实践中锻炼与人交往的能力。当有客人来时，可让孩子亮个相，问声好，说上几句话；去商店买玩具时，让孩子直接与售货员叔叔、阿姨对话；外出做客时将孩子带着，鼓励他与其他孩子游戏，玩的过程中帮孩子提出要求、制订游戏规则，使孩子在游戏活动中体验一起玩的乐趣。提醒孩子要善待别人，和伙伴友好相处，要学会谦让。久而久之，孩子就会克服胆小、不敢说话的毛病，并能更好地掌握与人交往的本领。

（三）表扬奖励法

常言道“数子千过，莫如夸子一长”，每个孩子都希望自己的能力得到别人的肯定和赞赏，3岁以前的婴幼儿更希望得到家长的肯定，与其批评他们说“你是个坏孩子”“不能这样做”，还不如对他们说“你如果那样做才能更好”“妈妈喜欢这样的宝宝”。心理学研究发现，孩子有渴望表扬、奖励和羞于受批评、惩罚的心理。“好孩子是夸出来的”，正面养育容易促使孩子产生自信和自豪感等积极情绪。婴幼儿家庭养育也是如此，家长可通过赞许、表扬与奖励等方式进行正面养育，肯定孩子的积极行为。赞许是家长对子女的优良品行表示称赞和欣赏，常以点头、微笑等表情表示。例如：妈妈在做家务，宝宝在一旁搭积木，当宝宝搭了一会儿看看妈妈时，妈妈对宝宝点点头，将鼓励宝宝继续搭下去。表扬是家长对子女的优良品行进行口头夸奖。例如：妈妈下班回到家，孩子赶忙为妈妈拿来拖鞋。妈妈及时表扬说：“我们家聪聪真懂事，知道关心妈妈了，要是爸爸回来，聪聪

也会拿拖鞋，还帮爸爸捶捶背，就更能干了。”这样的表扬有助于强化孩子关心他人、乐于助人的优良品质。奖励则是对子女突出的品行做出的较高评价，给予一定回报，包括精神奖励与物质奖励。例如：宝宝第一次将自己的衣服用手洗干净了，妈妈可以奖励宝宝一本他喜欢的图书。总之，表扬奖励法可以不断增进孩子的优良行为，家长要善于发现孩子的闪光点并及时强化。

（四）批评惩罚法

“教也者，长善而救其失者也。”《礼记·学记》中的这句话是指养育就要发扬受养育者的长处与优点，补救他的短处与不足。因此，养育者既要坚持正面养育，又要运用批评提醒，扬长避短。批评惩罚也是家庭养育中常用的方法之一，对婴幼儿的不良思想、行为、品质，家长可以给以否定的评价，并予以警示，从而引起他们的关注，从缺点、错误中吸取教训，避免再次发生。例如，对于0～3岁的婴幼儿犯了错误，可以采取“反思角”的方法，剥夺孩子参加其他活动的机会，让孩子静坐在一角反思，反思的时间根据婴幼儿的年龄确定，1岁1分钟，2岁2分钟，时间到后，家长拥抱孩子，并再次明确指出孩子存在的问题。然而，对于0～3岁的孩子，家长运用批评惩罚法一定要慎重，不要过于严厉，更不要讽刺挖苦、奚落谩骂。否则就会伤害孩子的自尊心，势必会引起对立的情绪。古人云：求善勿过高，当思其可从；责恶勿太苛，当思其可受。英国教育家、哲学家洛克也指出：“过分严厉的惩罚是没有什么好处的，在养育上的害处还很大；并且我也相信，事实会表明，受到最严厉的惩罚的儿童是很少能成为优秀的人才的。”因此，批评惩罚法的运用讲求艺术，公正合理，恰如其分。不能全盘否定孩子，也不能不分青红皂白，胡乱指责和惩罚。家长在批评惩罚时也要体现爱，可采取“夹心三明治”的做法，先表扬孩子做得好的地方，再指出孩子做得不足的地方，最后再给孩子一定的鼓励，这样更容易被孩子接受，有利于问题的解决。

（五）移情训练法

移情训练法是指家长通过讲故事、情境表演等方式，让婴幼儿设身处地地站在别人的位置去体验他人的情感、理解他人的需要及活动的方法。移情又叫感情转入，对发展婴幼儿的社会性有重要作用。移情能使婴幼儿更好地换位思考，在情感上产生共鸣，逐渐形成亲社会行为带来的良好情绪。

移情训练的方法很多，可以通过讲故事，如给婴幼儿讲“小芳和小圆”的故事，让婴幼儿分析两个人在不同情况下的心情，然后进行情感换位。“假如你是小芳，遇到这个问题该怎么处理？你希望别人为你做些什么？如果有人时常关心你，你心里什么感受，如果别人对你不好，你的心情又怎样？”让婴幼儿在分析故事的过程中去理解和体验故事主人公的情感和心态。在情境演示中，家长可以把社会生活中的某些场景状态展现给婴幼儿，如“妈妈生病了”“明明生气了”等，让婴幼儿尝试表现出来，通过这些情境演示让婴幼儿从别人的角度去体验他人的情绪、情感。此外，家长还可以通过生活情绪体验对发生在婴幼儿身边的事进行移情联系，如当在街上碰到乞讨的小孩时，家长可以根据情景，引导婴幼儿产生同情等心理，并使其能在以后对他人类似的情境主动、自然、习惯地表现出帮助、分享和同情等亲社会行为。

运用移情训练法要注意，创设的情境应该是婴幼儿身边的熟悉的生活情境，能够贴近幼儿的社会生活，符合他们的年龄特点和认知水平，这样婴幼儿才能够理解，才能产生移情；要充分调动婴幼儿已有的认知和经验，通过让婴幼儿换位思考，唤起他们已有的类似体验，使他们已有的体验与当前情境状况相关联，用自己本身的情感体验去感受、理解他人的情感需要，以唤起婴幼儿情感的共鸣，从而去理解他人的情绪；移情训练不能只停留在情感同情和共鸣上，要注意训练婴幼儿的表现，对他们进行良好的行为养育，使其形成良好的行为习惯。例如，不仅能够理解同伴受到攻击的感受，而且还能给予力所能及的关心和帮助。家长的情绪具有很强的感染力，能极大地影响婴幼儿的移情效果。所以，家长要与婴幼儿一起投入到移情训练中来，不能成为局外人。

（六）陶冶熏染法

陶冶熏染法是利用环境、周围人的言行举止对婴幼儿进行积极感染，在潜移默化中影响婴幼儿的社会态度和社会行为的方法。婴幼儿的年龄特点决定了他们的学习带有随意性和无意性，陶冶熏染法能够在无形中影响婴幼儿，使之更能接受某些社会行为。陶冶熏染法主要分为环境熏陶法和榜样熏陶法两种。

1. 环境熏陶法 是指父母有意识地创设家庭养育环境，孩子生活其中，天长日久、耳濡目染，使其认知、行为、情感、性格等不断朝父母所期望的方向发展。在这样的家庭里，父母不是明确地要求孩子，更不是强求孩子，是孩子在家庭环境的潜移默化的作用下，慢慢地被感化、提高和培养。这种方法虽然不可能立竿见影，但是它的影响往往是深远的，甚至留下一生的烙印。

2. 榜样熏陶 就是利用自身或选择故事中的榜样去影响和养育婴幼儿，使其形成良好的社会品质的方法。家长在养育孩子的过程中，不仅要善于用说理的方法，同时也要以自己的行为给孩子做榜样。正如托尔斯泰所说：全部养育，或者说99.9%的养育都归结到榜样上，归结到父母自己生活态度的端正和完善上。父母的言行举止时刻都出现在孩子的面前，对孩子更有影响力。婴幼儿生活经验和社会知识较为缺乏，也缺乏明辨是非的能力，时时刻刻都需要父母的指点。而婴幼儿对抽象的道理难以理解，他们的模仿性很强，生动、直观的典型形象易于感染婴幼儿，激发他们学习的热情，所以开展婴幼儿家庭养育，榜样示范就特别重要。典型形象包括家长、同伴、社会人物和文学作品形象等。

陶冶熏染法在使用时要注意应充分挖掘和利用环境条件和生活资源，为婴幼儿创设良

好的、温馨和谐的、相互关爱的环境和氛围；避免过多的言语说教，以发挥陶冶熏染的潜移默化的作用。

第三节　婴幼儿家庭社会养育指导方法

一、指导家长营造良好家庭环境的要点

婴幼儿随时都处在周围的社会环境中，他们所看到的、听到的各种人、事、物都会对他们有影响，其社会性是在与周围社会环境的相互作用中发展的。婴幼儿社会性的学习具有很强的模仿性和潜移默化的特点，由此决定了家庭环境的重要性，因此指导者帮助家长营造良好的家庭环境显得至关重要，指导家长营造良好的家庭环境主要从以下两方面着手。

（一）指导家长营造丰富多样的物质环境

积极的环境首先应该具有丰富而多样的物质环境。环境在物质上的贫穷和匮乏往往意味着生活在其中的人们不能享有充分的活动和交往的机会。良好的物质环境包括整洁有序的生活环境、宽敞明亮的活动空间及各式各样的玩具等。良好的物质生活环境可使婴幼儿产生积极的情绪情感体验；相反，家庭空间的局促狭窄可能导致婴幼儿潜在的心理压抑。同时，在家庭生活中，合理的膳食搭配也有利于婴幼儿的情绪情感的健康发展。新加坡儿科专家发现，婴幼儿的情绪不稳定大多由偏食所引起，特别是蔬菜吃得少的孩子，会出现情绪不稳定及牙齿不好的问题。因此，指导者要帮助家长努力为儿童提供适宜、积极的物质环境，以此来维持、巩固和强化积极的社会行为。

（二）指导家长营造宽容而接纳的精神环境

一个宽容和接纳的外在环境有助于婴幼儿良好的自我意识和个性的发育，而这种良好的自我意识和个性，又将反过来鼓励他们形成对社会的良好认识、情感和行为，鼓励他们更加积极主动和充满自信地与外界交往。

父母是家庭情感氛围的创造者，所以指导者要帮助家长首先处理好他们之间的关系。如果父母能互敬互爱，和睦相处，善于处理好自己的情绪，尽可能表现得积极、乐观、向上，不仅能使孩子生活在温馨的家庭氛围中，获得爱和尊重的体验，从而心情愉快，产生主动向上的积极情感，也能为孩子处理消极情绪提供榜样，对孩子如何调控消极情绪，如何延迟自己的需要等产生潜移默化的影响。如果父母之间经常吵架，家庭关系紧张，孩子极易产生焦虑不安、自卑、恐惧等不良情绪。这不仅不利于孩子形成健康的情感基础，久

而久之还会影响孩子的心理健康。此外，家庭生活内容的丰富与否也会影响幼儿情绪情感的发展。家庭生活单调乏味容易使孩子产生消极的情绪情感，反之，丰富的家庭生活内容能使幼儿生活得快乐、满足，处于良好的情绪状态，因而有利于其初步的情感调控能力的培养。所以指导者要指导家长经常开展丰富的家庭活动，如做做手工，照料花草，到户外散步，双休日和节假日一起去郊游、旅游，走访亲戚、朋友等。

二、指导家长促进孩子自我意识发展的技巧

自我意识是婴幼儿社会性认知发展中的重要方面，自我意识的发展有助于幼儿妥善处理自己与环境和他人的关系，如认识到人的态度、体验他人的情感、建立平等关系、共享社会经验、实现共同目标等。

（一）指导家长帮助婴幼儿促进自我认识的发展

指导者要指导家长有意识地促进孩子认识自己，用多种方式让孩子了解自己的变化，意识到自己的成长。如建议家长经常带领婴幼儿做“认识我自己”的游戏。根据婴幼儿自我意识发展的规律，他们对自己的了解是从身体开始的。指导者可以建议家长在与孩子游戏的过程中，帮助孩子了解自己的身体。当孩子躺着的时候，大人可以有意识地触动孩子的小手小脚，通过碰触刺激孩子手部和脚部的肌肉，引起孩子相应的动作，有利于中枢神经的发育，让孩子意识到自己的四肢的存在，也可以使孩子获得愉悦的感受。对着镜子给孩子的鼻子上点个红点，给孩子柔软的纸巾，对孩子说：“宝宝把红点擦掉”，开始孩子很可能去擦镜子里“宝宝”的红点，不要去纠正他，让他去擦镜子，擦不掉，然后示意孩子擦自己的脸。反复这样做，孩子就逐渐会区分真实的自己和镜子里的自己。这个游戏会让孩子情绪愉快，对自己的身体产生兴趣，发展自我意识。

（二）指导家长促进婴幼儿自我情绪的体验

1岁以后，幼儿的自主性开始发展，他们开始要求自己做事，如自己拿勺子吃饭、自己洗手等。虽然他们做得不好，却总是在做。指导者应该告诉成人要保护他们的主动性，多给孩子提供自己做决定的机会，鼓励他们做力所能及的事情。指导者要提醒家长一定要有耐心，要相信孩子有能力学会并完成事情，要经常运用有效表扬的方式来强化孩子的行为，并用欣赏的眼光看待自己的孩子，用科学的态度对待孩子，要注意保护孩子的自尊心，善于运用肯定性的语气和孩子对话，不断引导孩子体验成功，在成功的体验中，孩子的自我意识就会不断增强。

（三）指导家长促进婴幼儿自我意识的深化

孩子出生后，在一定程度上已经开始了同伴间的相互交往。婴幼儿只有在与周围有

关人的接触中，才有可能认识和了解他们并产生情感，也只有在与同伴交往中，才能真正体会行为规则的重要性，真正理解规则的含义，并产生自觉克制自己不良情绪与行为的愿望；才能真正学会如何与人交往，积极对待别人，协调自己与他人的关系，处理矛盾、纠纷。同伴关系对婴幼儿个性、自我意识的形成及今后的发展都有微妙而巨大的影响。婴幼儿在与同伴交往中的地位及其早期友谊的建立，都会影响婴幼儿自我意识的形成。因此，指导者要告诉家长应有意识地给孩子创造一些与同伴交往的机会，如与邻居的同龄孩子、与亲戚的同龄孩子定期活动。在与同伴的友好相处中，孩子会学习体验他人的感受，理解他人的想法，从别人的角度想问题，学会考虑自己的举动对别人的影响，正确地认识自己、评价自己，从而实现自我调节。积极与同伴交往还可以从同伴身上学习如何调控自己的情感。与同伴交往中的小矛盾会使孩子们学会如何与别人协调，如何抑制自己不合理的愿望，如何处理同伴关系等。所以，指导者要建议家长应该多给孩子提供交往的机会，多带孩子出去玩，帮助他认识、结交新伙伴，以此帮助孩子松弛紧张的情绪、宣泄消极的情绪，产生一种满足和快乐的情感体验。

三、指导家长培养孩子良好习惯的方法

播下一个行动，收获一种习惯；播下一种习惯，收获一种性格；播下一种性格，收获一种命运。这段话揭示了良好的行为习惯对人一生的重大影响。养成良好的习惯是一个人独立于社会的基础，又在很大程度上决定个人的生活质量，影响个人一生的幸福。培养良好的习惯，必须经过反复训练，而且越早越好。

（一）指导家长在生活中强化孩子的良好行为

要让婴幼儿养成一种良好的行为并成为习惯，需要在生活中不断练习，不断强化。3岁是幼儿的秩序敏感期，指导者要帮助家长抓住这个关键期，以正确的行为规范养育孩子，及时巩固，让孩子养成受益一生的良好习惯。如在家里，要指导家长帮助孩子形成早睡早起、饭前便后洗手等的好习惯，对于孩子的好习惯，家长要及时给予表扬和欣赏，让他们产生积极的情感体验，有利于其良好习惯的培养。

（二）告诉家长对孩子的要求要明确

习惯的养成是循序渐进的，不能操之过急，指导者要提醒家长不要急不可耐，要反复训练，使习惯成自然。指导者要提醒家长注意孩子在第一次的行为，如当孩子第一次骂人时，他往往觉得好玩，如果家长对孩子的表现没有明确的态度，如不理睬，那么就会在无形中增加这种行为出现的频率，从而养成不良的习惯，所以指导者要告诉家长对孩子的要

求要明确，对于好的行为要及时肯定，不好的行为要及时否定。

（三）提醒家长宽容对待孩子的坏习惯

很多家长面对孩子的坏习惯时，会表现得大惊小怪，对他们严肃批评。其实批评只是养育方式的一种，也不能经常使用，否则可能会影响其使用效果，而且批评是一种消极的养育方式，容易惊扰到孩子，也吓到自己。所以指导者要提醒家长面对孩子的不良行为时，不能一味斥责，而要用心养育。首先，家长应该表现出宽容的态度，表示对他们的理解。然后用温和的语言来让他们认识到自己的错误。不要说“如果你不改，就要挨打”之类威胁的话语，而应该用“你很乖，如果……就更乖了”之类的话，更容易让孩子接受。

讨论与思考

1.简述婴幼儿社会性发展的整体特点。

2.简述婴幼儿自我意识的发展过程。

3.请对3岁幼儿家长进行一次“应对孩子攻击性行为”的家庭社会养育指导。

4.请结合具体事例思考如何建立良好的亲子关系。

5.婴幼儿家庭社会养育的方法有哪些?

6.针对婴幼儿出现“过度活动”的社会性问题时，家长应该怎么处理？（过度活动指幼儿日常活动表现明显多于同龄孩子，并伴有注意集中困难、情绪不稳、冲动任性、学习困难、神经发育障碍等特征的行为。）

扫码看本章PPT

（安　梦）

第七章 婴幼儿家庭艺术养育与指导

1.了解艺术养育的相关概念。

2.了解婴幼儿艺术能力发展的特点。

3.熟悉婴幼儿家庭艺术养育的任务。

4.掌握婴幼儿家庭艺术养育的方法。

5.运用相关家庭艺术养育的指导方法分析婴幼儿认知发展的特点和规律。

情景导入

乐乐被要求按照父亲的示范画鱼，可乐乐却在纸上画了许多歪歪扭扭的小线条。当别人问他为什么不按照父亲的鱼画时，乐乐说父亲画的鱼是死的，而自己画的就是鱼缸里的那条活鱼，他还一边学着鱼游动的样子扭动身体，一边说鱼游动的时候，身子就是一扭一扭的，接着又用一个直挺挺的动作表示爸爸画的死鱼。乐乐所表现出的是一种感性把握世界的方式，他所看到的“一扭一扭”的小鱼充满了生命力，并用自己的方式表现了出来，正是乐乐这种生动的、自发的、感性的特征，使得婴幼儿艺术充满了活力。而作为家长及孩子的养育者，发掘孩子的艺术潜能，为孩子提供适宜的环境，不因错误的观念、偏差的思想压抑孩子的艺术冲动，是婴幼儿家庭艺术养育指导的精要所在。

请思考：如何结合婴幼儿艺术能力发展的特点、艺术养育的任务，提升宝宝的艺术能力。

第一节 婴幼儿艺术能力发展的特点

一、婴幼儿艺术基础能力发展概况

婴幼儿处于人生的最初阶段，基本能力在不断完善和发展的过程中，而艺术能力发展依赖于基本能力，受基本能力发展的限制。因此，欲探讨艺术能力，需先厘清与艺术能力密切相关的基本能力发展的情况，即艺术的基础能力，它主要包括艺术感知能力、艺术表现能力和艺术想象与创造能力。

（一）艺术感知能力

任何艺术现象都要求感知它的人有相应的“感觉准备”，即一定的知觉过程发展水平，众多养育学家和心理学家都指出了艺术感知觉基础的作用，他们认为，眼、手、耳的“探索活动”愈积极，对物体及其色彩、形式、声音的知觉也就愈充分和强烈。

1. 视觉　视力可能是婴儿感觉中发展最不好的部分，主要原因是新生儿的视网膜细胞不成熟，以及参与发展视力的那些大脑区域也不成熟。视敏度是眼睛区分对象大小和形状等微小细节的能力。按照斯尼伦标记，一个月以下的新生儿其视力在20/400，或者20/600，意思是婴儿在距离物体20英尺（约6米）远的地方的视力不会比正常成人在400（约120米）甚至600英尺（约180米）远的地方的视力更加清晰。到6个月大的时候，婴儿的视敏度出现4倍或者5倍的改善——大约是20/100，到1岁的时候，婴儿的视敏度接近正常成人的水平。

新生儿是看不见彩色的。一般认为，孩子从三四个月起就能分辨彩色与非彩色。喜欢明亮的颜色，不喜欢暗淡的颜色。红颜色特别能引起孩子的兴奋。4～8个月的婴儿最喜欢波长较长的暖色，如红、黄、橙色，不喜欢波长较短的冷色，如蓝紫色。

2. 听觉　听觉是个体对声音的强弱、高低、品质等特性的感觉。新生儿不仅能听见声音，还能区分声音的强弱、高低、品质和持续时间。新生儿对成人的语言有明显的同步动作反应，能非常准确地使自己的动作节律或身体运动与成人语言的节奏相吻合。

婴儿不仅能辨别不同的声音，而且表现出对某些声音的“偏爱”——表现为对某些声音能更长时间地注意倾听。1～2个月的婴儿似乎已经偏爱乐音，和谐而且有规律的声音，而不喜欢噪声，杂乱无章的声音；喜欢听人说话的声音，尤其是母亲说话的声音；2个月以上的婴儿似乎更喜欢舒缓优美的音乐，而不喜欢紧张强烈的音乐；7～8个月的婴儿已乐于和着音乐的节拍而舞动身躯和双臂；对成人呆板、生硬、严厉的声音表示不安、烦躁，甚至大哭，而对愉快、安详、柔和的语调报以欢愉的表情。

（二）艺术表现能力

婴幼儿身体运动能力的发展与艺术表现能力的发展紧密联系，每个婴儿都蕴藏着无限的运动潜能。婴儿最初3年的动作发展，如经常性地抓、爬动、触碰、走路、伸手拿东西、推、转、拉等，能够锻炼手眼协调能力、前庭运动能力和运动技能；而转圈、翻筋斗、保持平衡、做操、摇摆、跳舞、滚动等，对提高平衡能力、运动能力、阅读能力、写作能力、运动协调能力非常有益。在音乐活动中，婴幼儿有节奏地进行身体动作时，通过学习

各种动作，使大脑、神经控制动作的能力和保持平衡的能力有所发展，加强左右两半球的联系，为智力发展奠定良好的基础。

1. 大肌肉艺术表现能力的发展　大肌肉艺术基础能力的发展主要是四肢和躯体的动作发展，其发展顺序为：

（1）最初的动作是全身性的、散漫的、笼统的，以后逐渐分化为准确的、局部的、专门化的。

（2）从身体上部动作到下部动作：婴儿最早的动作发生在头部，其实在躯干，最后是下肢。其顺序是沿着抬头、翻身、坐、爬、站行走的方向发展。

（3）从大肌肉到小肌肉。躯体和四肢的动作发展是婴幼儿控制自己的身体、运动，把握自己与物体之间关系的重要方面。

在艺术活动中，律动、舞蹈、表演等许多都需要以大肌肉动作发展作为基础，并要遵循婴幼儿动作发展的规律。

2. 小肌肉艺术表现能力的发展　小肌肉艺术表现能力的发展主要指两手动作的发展。手是人进行活动的主要器官，也是人认识事物的重要器官，在艺术活动中起着至关重要的作用，无论是绘画、雕塑还是演奏乐器，都离不开小肌肉动作的发展。0～6个月的婴儿主要是抓、握动作，手指的打开和合拢。7～12个月的婴儿主要是手部操作能力的发展，婴儿在引导下可做拍打、抓握、松开和取物、扔东西和拿着物体进行敲击的动作。1～2岁的幼儿学会拿东西做各种动作，开始把物体当作“工具”使用。2～3岁的幼儿发展重点在于控制能力和手眼协调，这时，他们已经可以运用泥胶、纸张、拼图等材料完成手指画、撕揉纸团、面粉团等手工活动，可以进行玩沙、玩水等游戏活动，不断丰富其自身的感觉体验。

（三）艺术想象与创造能力

感知是与生俱来的。想象与感知不同，想象是发展到一定阶段的产物。1.5～2岁，幼儿基本具备了想象的基础。想象是对头脑中记忆的表象进行加工，改造成新形象的心理过程，婴儿虽然生而具有原始的感知和记忆形式，可以获得某些客观事物的映像，但这种映像往往很不稳定。一方面，映像是事物的具体表现，缺乏一定的概括性；另一方面，映像保持的时间很短，虽不一定是稍纵即逝，但也很难成为想象的加工材料。直到1.5～2岁，幼儿才可以形成具有一定稳定性的记忆表象。这阶段的幼儿的想象具有早期的表征功能，如用咬过一口的饼干表征月亮，用铅笔表征宝剑。2岁以后，幼儿的想象逐渐发展起来，他们喜欢想象，一会儿想象自己是花园里的花朵，一会儿想象自己是天空中的飞鸟。幼儿在进行内容丰富的音乐活动或美术活动时，有很多机会需要运用想象进行创造。如在舞蹈中，幼儿“闻乐而思”，灵敏地感知特定的空间、时间的各种情态，把音响转化为形象，然后在头脑中反映出种种栩栩如生的表情和形象。婴幼儿的想象以无意性、再造性想象为主，有意想象和创造性想象刚开始发展，想象常常脱离现实或与现实相混淆。

二、婴幼儿艺术能力发展的阶段性特征

（一）美术能力

1. 美术欣赏的发展 视觉是欣赏的前提，只有当孩子的视觉发展到一定的阶段，才会有美术欣赏行为。孔起英在《学前孩子美术养育》中总结了孩子美术欣赏发展的两个阶段：本能直觉期（0 ~ 2岁）和直接感知美术形象时期（2 ~ 7岁）。本能直觉期主要表现为对形式审美要素的知觉敏感性和注意的选择性，是纯直觉的和表面的，孩子主要通过听、视、动的协调活动进行信息的相互交流。在形状视觉方面，出生不久的婴儿亦能知觉形状，他们对不同图形的注视时间不同，说明他们已能辨别这些图形。在最初的6周里，清晰复杂的，尤其是黑白对比鲜明的轮廓外形会吸引婴儿把视觉集中到物体的外形或轮廓上；大约在第2个月，婴儿的视觉偏移，渐渐集中到视觉观察的物体的中心区域。在形状上，婴儿表现出对圆形的偏爱，而不是横条形。

我国心理学家丁祖荫把孩子对图画的感知能力和发展划分为四个阶段。

（1）认识“个别对象”时期：孩子只看到各个对象的某一方面或者各个对象。

（2）认识“空间联系”时期：孩子可以看到各个对象之间能够直接感知到的空间联系。

（3）认识“因果联系”时期：孩子可以认识对象之间不能直接感知到的因果联系。

（4）认识“对象总体”时期：孩子能从意义上完整地把握对象总体，理解图画主题。

婴儿在出生后的较早时期就已经对美术的两个基本要素——形与色有一定的审美感知能力了。尽管这些最初的反应只是一些本能的直觉行为，但这些本能的直觉行为已为日后更高层次的美术欣赏活动做好了心理上的准备。

2. 美术创作的发展

（1）绘画：绘画活动需要脑、手、眼能够协调一致。学前孩子的绘画行为是他们的手的动作在发展到一定程度以后产生的，按照婴幼儿精细动作发展的规律来看，学前孩子的绘画创作活动大约开始于1岁以后。根据孔起英的研究，学前孩子的绘画发展划分为涂鸦期（1.5 ~ 3.5岁）、象征期（3.5 ~ 5岁）和图式期（5 ~ 7岁）。

婴幼儿正处于第一阶段：涂鸦期。1岁半的孩子，大肌肉和小肌肉都有所发展，由于能够独立行走，用手进行探索变得更为自由。他们喜欢到处涂抹，于是用笔、用手在墙上、纸上、书上等地方画点、画线的涂鸦行为就出现了。这些最初在纸上留下的点、线痕迹就是涂鸦画。这些涂鸦画不讲究色彩、造型和结构。孩子偶尔也会换一支笔画画，会用手指

涂抹颜料。因此，学前孩子的涂鸦行为实际上是他们感知觉和动作有了一定的发展与协调之后对周围环境做出的一种新的探索，是一种新的动作练习，是一种手臂动作。孩子涂鸦的根本特点是没有明确的表达意图，也就是说，在涂画之前，他们并没有预想，也没有构思。在动笔画的时候，既没想到要反映什么现实的东西，也不去表现任何想象的事物，只是把涂鸦当作一种游戏活动，享受涂鸦动作带来的运动快感，感知有节奏地用笔或直接用手的动态，以及对墙上、纸上出现的各种痕迹的视觉感官的满足。

孩子的涂鸦经历着不同的发展阶段，各阶段上存在着一定的差异。从开始涂鸦到脱离涂鸦，这一时期的发展又可划分为四个阶段：

1）未分化的涂鸦（1.5～2岁）：由于肌肉控制能力有限，动作协调不够，孩子画在纸上的是一些杂乱随机的、不规则的点和线条，如斜线、横线、竖线、弧线等。这些线条长短不一，也极不流畅，互相掺杂在一起。从空间上看，这时孩子的涂鸦常常涂抹出纸外，不管上下、左右的方向。在操作工具上，这时孩子的手指通常是紧紧地握着笔，线条的方向和长短靠手臂的前后摆动来决定，手腕却很少移动。他们反复地画着这些线条，并且常常很仔细地注视着自己画出了什么。

2）控制涂鸦（2～2.5岁）：由于生理的发育和不断练习，手眼协调能力逐步发展，这时孩子的动作已较能受到视觉的控制。他们可以在纸上画出一些重复的、上下左右的直线、锯齿线、倾斜线、螺旋线等，但这些线条长短不一。从手的动作来看，这时孩子的骨骼活动能力、手腕肌肉增强，腕关节运动较前期灵活。这时，孩子的涂鸦已能控制在整张纸内。

3）圆形涂鸦（2.5～3岁）：由于肘、肩、手腕等关节的发育，这时孩子能注视涂鸦时笔的运动方向，可以在纸上反复地画圆圈，如封口及未封口的圆形、复线圆形、涡形线等，孩子用这些大大小小的圆形来表现一切事物。从空间上看，孩子还未有运动感的空间，有时会注意画面的某些具体部分。当孩子从大圆圈、乱线等粗放动作转化到小圆圈的较细腻动作时，我们可以认为，孩子的涂鸦发展即将迈入“命名涂鸦”的阶段了。

4）命名涂鸦（3～3.5岁）：这时孩子虽然仍未能画出具体的形象，但开始意识到所画的线条与实物或自己的经验之间的联系，已有明显的表达意图。也就是说，孩子把自己的生活经验与自己的涂鸦动作联系在一起，并把自己画出来的圈、线等意义化，或象征某种事物而加以命名。他们在涂鸦时，一边画，一边自言自语地说明他所画的东西。随着语言能力的发展，画面上的“小东西”常常是一些类似象征符号那样的线条和简单的图形，这些线条和图形“漂浮”在画面上，相互间不联系。有时孩子会为自己的作品命名，但事先并没有意图，而是受自己所画的图形本身的启发；有时，孩子又会即兴地重新命名他已命名过的图像。所以，总的来说，命名活动是在画出图形之后才出现的。到这一时期的末期，画面的图像渐渐分化，形成简单的象形图样，并迈向下一个发展阶段。

总之，涂鸦活动是一种积极的学习活动，涂鸦是绘画活动的准备阶段。

（2）手工：手工活动是美术创作活动的另一个组成部分。0～3岁的婴幼儿处于无目的活动时期。由于手部小肌肉的发育不够成熟，认识能力有限，所以这时期的手工活动并没有明确的目的，而只是一种纯粹的玩耍活动。他们不理解手工材料和工具的性质，还不能正确地使用这些手工材料和工具。在泥塑活动中，这一时期的孩子不能有目的地制作出形象。开始，他们只是用手拍打黏土或者手握黏土，时而揉成一个团块，时而又分开，享受黏土的触觉感以及形态的变化感。在剪纸活动中，孩子开始不知道剪刀的用途，因而他们看到剪刀就想玩耍。在成人的指导下，逐渐会用手拿剪刀，但还不会正确使用。纸和剪刀不能配合，纸张常常被绞在剪刀里或从剪刀里滑出，即使剪出，也是奇形怪状的纸片，而不是如愿的纸型。在粘贴活动中，孩子还不清楚糨糊的作用，因而也不会使用它。总之，此阶段的孩子还没有表现的意图，只是享受自主活动的快感，满足于手工操作的过程，体验着手工工具和材料的特性。

（二）音乐能力

音乐能力是个体从事音乐实践活动（演奏、演唱、音乐欣赏、音乐创作）的本领。许卓娅教授在《学前孩子音乐养育》中指出音乐能力包括音乐的感受力、表现力和创造力，这三种基本能力的发展是在不同的音乐活动中实现的，下面根据音乐活动的不同来分别阐述。

1. 欣赏能力 欣赏音乐，首先要有欣赏的愿望和兴趣，其次要有感知音乐的音响并从中获得积极体验的能力。欣赏能力的发展可从以下几个方面来描述。

（1）倾听：倾听是带有注意地听，有意识地听，往往还有情感的参与。倾听不仅指倾听音乐，还包括倾听周围环境中的各种声音，乃至于倾听和感受寂静。一个听力正常的孩子在3岁以前所获得的倾听经验已经是相当丰富了。婴儿出生后对声音就能产生反应，2个月左右的孩子能区别一般的铃声和门声，并对高音低音有不同的反应。4～5个月的孩子开始对音乐的音响表现出某种程度的记忆和反应，听觉和运动发生了联系，如听见声音时能将头转向声源方向，而且对于摇动铃铛发出的声音感兴趣，他们能够听音乐的声响，对柔和的音乐表示愉快，对较强的声响表示不快。随着活动范围的扩大、年龄的增长，周围可听到的音响越来越多，如果没有进行正确的引导，有些孩子就会对周围世界中的许多美好的音响听而不闻，这样就不能形成良好的倾听习惯和态度；而在良好音乐养育影响下成长起来的孩子常常能够比一般孩子能听到更多的东西，更加敏感，他们不仅会听，还会找出不同声音之间的差别。3岁前的孩子也能够自发地注意倾听音乐，有些孩子对于他们所喜欢的音乐可以有注意地倾听很长时间，甚至有的孩子主动要求重复某一首特定的音乐。

（2）理解：理解是音乐欣赏的重要组成部分。理解的内容有：音乐引起的情绪情感、

音乐传达的思想内容、想象与联想、音乐的形式结构。

3岁以前的孩子，由于认知能力的限制，对音乐的理解也是比较有限的。2岁以前，孩子一般容易对节奏鲜明、音响柔和、旋律优美的音乐产生好感并对之做出积极的反应，但这并不算是一种理解，只是听到音乐的直接反应。2～3岁的孩子，在良好的养育下，能发展起初不理解音乐情绪情感的能力，并开始产生初步的联想与想象。如2～3岁的孩子在几周之内反复欣赏了马革顺创作的《宝宝睡觉吧》和《拍球》，在此基础上，教师向他们提供两幅有关图片，并要求他们将音乐与图片一一匹配，大部分孩子都能顺利地完成任务。

3岁的孩子可能初步获得以下发展：学会理解他们所熟悉的歌曲的歌词内容和思想，学会理解性质鲜明的音乐情绪，如根据音乐阴暗、沉重、缓慢的性质联想起狗熊、大象等巨大而笨重的动物，根据音乐轻柔、优美的性质联想起小鸟、小鱼、蝴蝶等美丽温柔的动物，根据音乐轻快、跳跃、明亮的性质联想起小兔、小鹿、青蛙等动作灵巧的动物等。

（3）兴趣与爱好：对音乐的兴趣爱好，不仅是音乐表演活动的重要前提，而且对于音乐欣赏活动有着更为重要的意义。没有对于音乐的兴趣爱好，就不可能有怀着欣喜之情反复倾听音乐的行为，亦不可能对音乐有积极良好的情绪体验。婴幼儿对于音乐兴趣爱好的发展主要与这些因素相关：音乐理解和感知能力；音乐积累（能否掌握更多的音乐语汇和音乐作品）；周围成人或其他孩子对音乐的态度（其中父母和教师的态度最为重要）；音乐经验的性质（能否从音乐活动中获得更多的积极体验）等。

2. 歌唱能力

（1）歌词：3岁前的孩子已经能够部分地再现一些歌曲的片段，如一两句在歌曲中重复较多的乐句，但是他们对歌词含义的理解十分模糊，往往只是把歌词当作一种声音来加以重复。3岁前，孩子听辨和发出语音的能力也比较弱，发音错误的情况是十分普遍和常见的。

3岁孩子的语言发展已有了许多进步，他们已经能够较完整地再现较长歌曲中比较完整的片段和一些短小的句子。但是，他们在歌词含义理解方面还是非常有限，有的时候，他们甚至会因理解困难而在唱歌时故意把那些因不理解、不明白而记不住的词语、短句省略掉。

另外，他们在听辨和发出语音方面也会碰到一些困难。如把“快”音发成“太”音，把“高”音发成“刀”音，把“掉地下”发成“叫季下”，把“狗”发成“斗”等。尤其是对他们不理解、不熟悉的歌词，发音错误的频率会大大增加。这是由于孩子发不出他们不熟悉的声音，就自行采用熟悉的语音代替的结果。

（2）音域：孩子的发声器官在整个学前期处于生长发育状态。他们喉头的体积大小还不及成人的一半，声带柔嫩且短小。所以，学前孩子在唱歌时所能使用的音域（指从最低音到最高音之间的范围）比少年孩子和成人要狭窄得多。2岁以前的孩子还处于噪声游戏阶段，说话和唱歌正在逐步从噪声游戏中分化出来。他们中很少有人能够完整地唱歌，因此离音域发展还有很长的距离。2岁以后，孩子开始逐步学会比较完整地唱一些歌曲片段或者短小的歌曲，一般情况下，这一阶段的孩子可以唱出3～4个音域大约在c1～g1范围之内的音。

（3）节奏：3岁前，孩子的歌唱已经初步显现出了节奏的意识，但这种意识还很有限，而且大多与歌词中的节奏有关。即使到了3岁阶段，孩子所掌握的歌曲节奏也还十分模糊。如果歌曲的节奏能够与孩子自身的生理活动，如呼吸、心跳、脉搏的节奏等相适应，或与孩子的身体动作，如摇摆、走路、跑步等的节奏相协调，孩子掌握起来相对比较轻松。因此，一般由二分音符、四分音符、八分音符所构成的歌曲节奏是比较容易为3岁的孩子所接受的。当然，对于有些3岁的孩子来说，即使是这种简单的节奏，他们也不能唱得非常精准。

（4）音准：音准把握能力是学前孩子唱歌能力中发展最慢的一种能力。要唱准音的高低，除需要具有听辨音高的能力外，还需要具有对唱出的声音进行敏锐监听的能力，具有对发声器官进行精确调控的能力等。由于这种操作相当复杂和精密，因此，有关能力的形成和发展速度也相应地更为缓慢。

3岁前的孩子的歌唱一般被称为“近似歌唱”。也就是说，3岁前的孩子歌唱的音准很差，所唱出的旋律只能是大致地接近于原曲调的旋律。

（5）呼吸：歌唱时要使声音能够延续，就必须要用较长的气息均匀地有控制地持续冲击声带。3岁前，孩子的呼吸很浅，肺活量也很小，加上他们对气息控制的能力尚未很好地发展起来，因此往往一句歌词没有唱完就要换气，有的孩子甚至会一字一顿地歌唱。

3岁时，孩子能够逐步学会使用较长的气息，唱两三个字或者一字一顿就需要换气的情况逐步消失。但他们常常会根据自己使用气息的情况来换气，所以因换气而中断词义、中断句子的情况也时有发生。

（6）表情：歌唱表情在此仅指歌唱声音的表情。与声音表情有关的歌唱技能主要有力度、速度及音色变化，咬字、吐字及气息运用等。

3岁前，孩子的歌唱活动缺乏歌唱的表现意识，更谈不上有什么表现的技能，更多的是一种声音游戏。

3. 韵律能力

（1）动作：3岁以前，孩子的身体动作经历了未分化的不随意动作阶段，逐步进入了初步分化的随意动作阶段。3岁时，大多数孩子已经掌握了点头或摇头、拍手、晃动或摇动手臂、用手指点或拍击身体的部位、慢速度小幅度地运动躯干等最简单的非移位动作。有研究认为，学前孩子最先发展的动作是非移位动作，这是因为非移位动作对重心保持、身体平衡的要求很低。在非移位动作中，较早发展的是上肢动作，其次才是躯干动作和下肢

动作。一般3岁的孩子已经可以比较自如地走路，部分孩子甚至可以做出有短暂腾空过程的跑跳动作。

（2）随乐能力：随乐能力在此指的是进行韵律活动的过程中使动作与音乐协调一致的能力，它是建立在敏锐地感知音乐和自由地运动身体的基础之上的。3岁以前，许多孩子都喜欢跟着熟悉的成人一边做一些游戏性的动作一边哼唱，在听到熟悉的或喜欢的音乐时，许多孩子也会自发地跟着音乐踏步、屈伸膝部、扭动臀部、点头摇头或挥动手臂，这就是初步产生的随乐意识。2岁以前，孩子还没有形成使自己的动作与音乐一致起来的明确愿望。3岁的孩子能有意识地表现出用动作跟随节奏的能力。随乐能力具体分为以下三个阶段。

第一阶段：孩子往往只把音乐当作一种做动作的信号或者背景，不注意音乐的进行。在这一阶段中，大多数孩子拍手的速率不均匀，拍手的节奏与音乐的节奏不一致，不同孩子拍手的速率也各不相同。

第二阶段：孩子能够努力地使自己的动作与音乐的节奏相一致，逐步懂得注意音乐的进行。在这一阶段中，大多数孩子拍手的速率逐步变得比较均匀，也能够逐步与音乐的节奏相一致。但这种均匀性和与音乐的一致性往往不能长时间地保持。而且，由于孩子此时要为保持动作与音乐相协调付出较多的意志努力，所以，他们的拍手动作时常显得僵硬、紧张，也往往容易产生注意分散和疲劳的现象。

第三阶段：孩子逐步从注意力高度集中的情况下解脱出来，动作逐步变得更自然、轻松、合拍，节奏的稳定性、均匀性也日益提高。如果对他们提出要求，他们甚至也能够根据音乐的明显变化来改变拍手的力度和速度。一般情况下，多数孩子都能够在3岁末期进入第三阶段，但也有少数孩子需要再经过一段时间才能达到这一阶段。

4.打击乐器演奏能力

（1）乐器操作：乐器操作能力主要指运用乐器演奏出特定音响的能力。构成打击乐器操作能力的基础主要是对特定乐器的认知能力、对乐器的操作能力、对演奏方法的掌握、对特定音响之间的关系的探究能力和一定的乐器知识。孩子在很小的时候就能够主动探究接触到的发声玩具，如成人特意摆放在他们身边的小摇摇（一种类似沙球的玩具）、拨浪鼓、小铃铛、能发出音响的动物玩具和玩具娃娃等。他们会对这些玩具发出的声音产生浓厚的兴趣，经常主动地去弄响它们，并从自己创造声音的过程中获得愉快和满足。随着孩子活动范围逐步扩大，年龄逐步增长，他们又会发现更多的可用来制造声音的物体，如钥匙、积木、奶锅、奶瓶、碗、勺子、纸盒等。他们会长时间地沉浸在对这些事物的探究之中，尝试用它们制造出各种可能发出的声音。如摇动、敲击它们，将它们反复地扔到地上，把它们相互摩擦、撞击，把较小的物体放到较大的容器中再摇动这个容器等。他们会从偶然发生的现象中逐步找出产生声音的原因，然后反复地复制这些声音，不厌其烦地

“欣赏”这些由他们“发明”出来的声音，并为此感到“愉快”。当这种活动遭到限制或干扰的时候，他们会用哭闹的方式来表示不满。在这些积极的探究活动中，孩子发展了最初步的有关高低、长短、轻重、音色等概念，获得了最初的通过摆弄物体来创造声音的经验，发展了手的操作能力，为日后的比较正规的乐器演奏活动打下了良好的基础。

（2）随乐演奏能力：随乐演奏能力在此是指在演奏打击乐器的过程中使奏出的音响与音乐协调一致的能力。随乐能力是建立在具有敏锐地感知音乐的能力和能够熟练地操作乐器基础之上的。3岁以前，有些孩子也会获得一些随乐演奏乐器的经验，或是自己一边敲打物体或乐器一边唱的经验，但这些经验大多是零碎的、偶然的。而且，在许多家庭和托儿所中，孩子几乎完全不能获得有关经验。因此，从总体上说，3岁前的孩子所能发展起来的随乐演奏能力是十分有限的。

第二节　婴幼儿家庭艺术养育的任务与方法

一、婴幼儿家庭艺术养育的任务

（一）家庭艺术养育的内涵

艺术养育是以美术、音乐、文学等为内容和手段的养育。艺术养育的内容大致包括：艺术知识，包括艺术史、艺术理论、艺术批评；艺术欣赏，包括对艺术作品的鉴赏和感受能力；艺术创作，包括创作作品的表达技能和构思能力。

在当代社会中，艺术养育具有两种不同的内容和含义。狭义地讲，艺术养育可理解为培养专业艺术人才或艺术家所进行的各种实践和理论养育。各种专业艺术院校正是如此，戏剧学院培养出编剧、演员、导演，音乐学院培养出歌唱演员、作曲家和器乐演奏员等。广义地讲，艺术养育是美育的核心，它的根本目的是培养全面发展的人，而不是专业的艺术工作者。在当代社会中，人的生活与艺术或多或少地存在着联系，如读小说、听音乐、看电影、欣赏绘画等。因此，广义的艺术养育强调普及艺术的基本原理和基本知识，通过对优秀艺术作品的评价和欣赏来提高人们的艺术鉴赏力和审美修养，培养人们健全的审美心理结构。

审美养育也被称作美育，是一种通过自然美、艺术美、社会美进行的养育活动。其目的是培养受养育者对美的形态、结构等的鉴赏、感受、创造能力，培养其正确的审美观点、高尚的审美情操，使其得到精神上的愉悦与满足，最终达到人格上的完善。腾守尧认为：“美育包括按照美的规律施行的一切养育，其总目的是培养能够自觉按照美的规律从

事改造世界之伟大实践的队伍。”审美养育是一种以情感养育为主的养育：目的在于通过种种审美活动的影响和熏陶，健全其审美心理结构，提高个体的审美能力，最终达到人格的完善。

艺术养育与审美养育相互包含，相互融合，相互促进。艺术养育是通过艺术美来进行的审美养育，它是审美养育的基本手段，所以说艺术养育的核心内容是审美养育。审美养育还包括社会美育和自然美育，个体在艺术养育中所获得的艺术审美经验会迁移到社会美育和自然美育中，有助于受养育者对社会美和自然美的结构、形态与特征的识别和感受，提高其审美能力；而个体在审美养育中获得的审美意象和审美体验，能够帮助他们在艺术养育中获得艺术创作的灵感，并进行有意义的构思，使其所创作的作品更加丰富、生动而有个性。

家庭艺术养育是指家长对婴幼儿进行的美术、音乐等艺术内容和方式的审美养育。艺术养育的内容包括艺术知识养育、艺术审美养育、艺术技能养育。虽然婴幼儿已具备艺术潜能，但不具备系统技能训练和知识养育的基础，仍需进行以审美养育为核心的艺术启蒙养育。

（二）家庭艺术养育的意义

艺术养育可提高婴幼儿对自然美、生活美、社会美和艺术美的感受、评价、鉴赏、创造的能力，培养敏锐的审美感知能力和健康的审美情趣，丰富婴幼儿的情感，使婴幼儿从小热爱艺术、热爱生活、热爱一切美好的事物。

艺术是大脑的开发者。艺术“滋养”的系统包括感觉统合系统、认知系统、注意系统、情绪系统以及运动系统。事实上，这些系统是所有学习活动背后的推动力量。这并不意味着缺少了艺术，个体就无法学习。然而，艺术为学习者提供了同时发展多个脑神经系统并使之成熟的机会，而我们对这些发展时机很难进行评价，因为他们所支持的过程是累积和渐进的结果。

艺术养育对于婴幼儿的全面发展具有至关重要的作用。通过早期艺术养育可以充分挖掘大脑潜能，使情感与理智、直觉与抽象、理性与非理性得以平衡，奠定完全的人格基础。在未来，创造能力和表现能力将是每个人所必备的审美素质，它显示了人作为主体的一面，应充分挖掘婴幼儿的审美潜能和艺术潜能，给他们提供自由宽松的环境，使之得到充分的发展。经过早期艺术养育，能够为婴幼儿的全面发展奠定良好的基础，促进婴幼儿良好个性品质的形成。

（三）家庭艺术养育的重要任务

1. 培养感觉能力是家庭艺术养育的知觉基础　艺术的内容就是指反映在艺术形象中的那些典型的、富有特征的生活现象。每一种艺术都有一整套独特的表现手段，所以必须强调艺术知觉的整体性。比如说，孩子听一首摇篮曲，感受到了歌曲宁静祥和的抒情情调，他就会产生生活的联想。但是，如果再听一两次，他就可以把轻柔的声音、舒缓的速度和有感情的声调分离出来。所以，整体的知觉也包括对具体表现手段的区分。因此，这些都是可以并且需要教给孩子们的。

通过学习演奏乐器、唱歌来发展音乐的感觉能力，有助于孩子认真听音。成人应让孩子注意乐音的各种组合及其不同特性，并把它们与一定的空间观念结合起来（长—短、高—低），同时要始终强调音乐的表现意义。

在学习图画的过程中，孩子们逐渐学会从物体的总体分解出若干形体的方法，学会确定形体的特征，并能够把它同最近似的几何形体进行比较，还能够在改变物体的位置的情况和比例关系下改变形体。这些都能够使孩子更正确地描绘物体，发展艺术想象，产生艺术形象，因为孩子应能够在自己产生的想法的影响下改变许多东西。

2.培养美感是家庭艺术养育的根本目标 美感包括对艺术和生活中的两极现象——美与丑、崇高与滑稽的情感态度。美感的培养鲜明地突出了艺术积极的、改造的作用，以及艺术对孩子们的心灵和思想的影响。接触到生活和艺术中的美能够引起孩子的美感，这种美感不可能是无内容和无对象的。美作用于情感，美使人产生思想，形成兴趣。在美的知觉过程中，孩子做出自己最初的概括，并产生联想和比较。他们希望知道，一首乐曲、一幅画要表达的是什么，因此就注意观察线条和颜色，倾听诗歌和音乐，逐渐养成主动视觉观察力和听觉注意力。日常生活、大自然也能够引起孩子做各种各样的观察。

孩子逐渐感受音的各种结合、诗的韵律、绘画中的颜色、形体和线条，从自然美中体验到各种感觉，因而也逐渐觉察到艺术表现手段同作品内容的某些依从关系。例如，他们会发现，与欢乐的舞蹈旋律相适应的往往是明快的速度、热烈的节奏、高亢的声音；在童话中常常会碰到生动的、美丽的语言，同义的短语会多次出现；在描绘茂密的森林的图画中，深暗的颜色居多。孩子开始观察出周围现实同反映这个现实的艺术之间有一定区别与联系。对他们来说，这可算是一个非凡的发现了。倾听一首歌曲、欣赏一幅图画，他们会生动地回忆起自己也曾经发生过类似的事情，他们在生活中也见到过和听到过这样的事情。如果成人对孩子进行启发，那么造型艺术、诗歌、音乐和童话故事也同自然现象及周围的事物一样，能够引起孩子发表各种有趣的议论。这些议论的内容往往是同孩子所能理解和感觉到的美的现象相联系的，议论所涉及的往往是自然界和日常生活中的美。孩子也会注意到诗歌作品、音乐的表现手段，雕塑、绘画和艺术玩具上的造型手段。他们对歌曲、绘画的内容有很大的兴趣，并且能简单地把它们叙述出来，在绝大多数场合，他们首先注意到的是最富有特点、最鲜艳的标志。孩子很早就有了“美的评定”，但是这种评定带有断定的性质“我有一件漂亮的裙子”，有时表现为具有选择性的态度“再来一遍”——他们要求重复一首歌曲或者重复一个故事。由于感性认识、语言和感情的相互影

响，孩子美的体验日益丰富多样起来，艺术趣味开始产生。

3. 培养兴趣是家庭艺术养育的重要内容　兴趣是学习最强有力的内部动力，兴趣也是最好的老师。从小培养孩子对艺术的兴趣能够为其日后知识技能的学习打下坚实的基础。兴趣是学习的动力之一，人的兴趣和情绪对人的认识活动有很大的影响，精神愉快、情绪高涨，认知效果就好，学习兴趣强烈就会积极主动地学，坚持学和喜欢学；兴趣对孩子的学习活动有着积极、推动的作用，对提高孩子的审美情趣、开发孩子的创造潜能、发展孩子的个性起着积极的促进作用。激发孩子们对艺术的兴趣是把艺术美的魅力传递给他们的首要条件，必然成为他们陶冶情操、热爱生活的助长剂。

婴幼儿的家庭艺术养育不是为了让孩子掌握艺术技能，而是培养对音乐、雕塑、绘画等各种艺术形式的兴趣，在此过程中发展其审美情趣和艺术感知能力。

二、婴幼儿家庭艺术养育的方法

（一）环境熏陶法

环境熏陶法是指通过选择或有意创设积极向上的环境，如文化环境、物质环境、人际交往环境等，使孩子置身其中，耳濡目染，潜移默化，在不知不觉中受到影响的养育方法。环境熏陶，意在孩子的心田里播下美的种子，让其获取成长的力量。家庭艺术环境是家庭艺术养育的重要资源，家长有效利用环境可以为孩子的艺术学习提供良好的艺术熏陶氛围。孩子在成长过程中，时时刻刻受到外界环境的影响。良好的环境对孩子的成长而言，是一种无痕的熏陶。环境熏陶贵在坚持，短期内很难看出效果，只要一以贯之，坚持不懈，一段时间之后，成效会在不知不觉中彰显。

（二）实践参观法

参观法是根据需要，指导和组织孩子到实地直接观察客观事物，从而获得知识的方法。参观法能使孩子获得丰富的感性知识，发展认识能力，提高孩子兴趣，培养积极情感。在艺术养育中，实地参观能够激发孩子的积极情感，对艺术品产生喜好之情，对艺术活动产生向往之情。家长带孩子参观美术馆、博物馆、艺术馆、雕塑展、画展等各种艺术展馆或艺术展演，欣赏演唱会、音乐会、儿童戏剧等各种表演，或是回归大自然，到公园、自然生态景点等自然环境中，都属于实践参观法。参观的内容既可选择自然环境，又可选择人文环境，自然环境中的青山绿水、春天的鸟语花香、夏天的荷塘、秋天的落叶、冬天的冰雪，人文环境中的戏曲戏剧、歌舞表演、各类风格的建筑、雕塑、绘画等，都蕴含着美的风采。所以，参观旅游是孩子接受艺术养育的良机，家长要适时引导，抓住机会。

（三）示范演示法

示范演示法就是由成人以身作则，以自己的言行直接为婴幼儿提供行为示范，使婴幼儿在模仿的过程中获得发展的方法。一般而言，示范演示法被认为是德育的方法，但在艺术养育中亦是不可忽视的方法之一，特别是在家庭艺术养育的过程中。家长对艺术活动或是艺术品的兴趣和态度都直接影响着孩子对艺术活动或是艺术品的兴趣和态度。孩子是善于模仿的，在孩子的世界里，可以说每时每刻、每分每秒都在模仿——模仿父母、模仿同伴、模仿邻里、模仿社会、模仿动物世界、模仿大自然。孩子总是在模仿中成长发展、在模仿中活跃思维的。孩子的一双小眼睛，好比一台录像机；孩子的一对小耳朵，好比一台录音机，日久天长地模仿着。例如，有的家长自己喜好音乐，在家里经常演唱歌曲或欣赏音乐，孩子在潜移默化中受到影响；有的家长自己喜好戏曲，在家里经常播放戏曲，孩子就在欣赏的过程中自然而然地学会了戏曲，甚至还可能成为小戏迷。

第三节　婴幼儿家庭艺术养育指导方法

一、更新家长思想，提升家庭艺术养育观念

（一）更新家长养育理念，加强其自身艺术修养

家长的艺术修养深刻地影响着孩子。作为家长，要善于发现美、创造美，给孩子营造美的环境，和孩子一起品味、分享生活中的美；要增加自身的艺术体验，可以带着孩子尽可能多地参加一些艺术活动，在艺术活动中增加自身的艺术体验，在艺术体验的积累中学习艺术知识，从而逐步提升艺术修养。对于家长来说，不断学习和更新养育理念，增强自身的艺术修养，对婴幼儿的艺术养育大有裨益。在自身学习的同时，尽可能丰富地给孩子提供接触艺术的机会。大家都知道，孩子对发达和成熟的艺术形式是不容易理解的。但是，凡是他们能够接受的形式，可以而且必须从很小的时候起就让他们接触。艺术只有通过多种多样的形式才能帮助孩子形成多种多样的艺术才能。孩子需要一切艺术形式。各种艺术从婴幼儿时期就可以进入孩子的生活。艺术玩具、图画和装饰品、歌曲和器乐曲——这些都是孩子早期开始接触的艺术品。

（二）指导家长理解和尊重婴幼儿，遵循婴幼儿的发展规律

3岁前婴幼儿的思维特点是动作性思维占主要地位，用身体动作来感受艺术。因此，在培育婴幼儿的艺术能力时，要注意让孩子用具体的身体活动来感受和体验艺术。比如，孩

子喜欢“小燕子”的歌，可以让孩子挥动胳膊学小燕子飞，感受小燕子是怎么飞的。重视艺术感知与体验，艺术感知与体验是艺术创作与表现的前提，并为创作与表现提供素材。因此，不能只注重孩子学会了什么，创作了什么，能画出什么画或者能唱什么歌，而应该注重孩子的艺术体验以及艺术感知基础上艺术创作的过程。

成人能够让孩子接触人类积累起来的经验，帮助他们掌握在这一发展阶段所能够接受的东西。孩子了解世界不仅有思维这条途径，而且还有艺术的途径，人们在自己的整个一生中都在掌握这种方法，但是在早期，这个方法特别有效。

（三）指导家长观察了解婴幼儿，消除其功利心理

当前，指导者开展家庭艺术养育指导的首要任务应当是促进家长对婴幼儿艺术养育有明确的认识，即学习艺术是为促进婴幼儿自身的全面发展，而不是为了升学加分，为了赶时髦，为了不落后于别人家的孩子等，所以不要盲目的“跟风”“从众”。中国家长都有“望子成龙”的情结，再加上当今激烈的社会竞争、较单一的人才选拔制度，使得越来越多的家庭养育走进了功利主义的误区。很多家长让孩子选择学习艺术就是为了使孩子有一技之长，将来更好地立足社会；有的直接就是希望孩子长大之后能够成为艺术工作者，成为名演员、大歌星，或者升学时有特长加分等，带有非常明显的功利性目的。这类思想会让孩子的学习偏离本身的目的，不利于学习的正常进行。婴幼儿艺术养育也是如此，一旦艺术成为一种功利的技能，它就失去了原本的意义。那我们的艺术养育培养的将是一个个艺术工匠，而不是一个个有着较高艺术修养的全面发展的人。所以，如果家长抱着急功近利的心理来对婴幼儿进行家庭艺术养育，这非常不利于婴幼儿将来的艺术发展。

二、提供方法给家长，创设适宜的家庭艺术环境

所有艺术活动形式在婴幼儿时期已经基本出现了，成人的责任是为孩子参加各种形式的艺术实践活动创造一切条件。

（一）指导家长创设良好的视觉环境

作为家长，应当依照孩子的身心发展特点给予适当的视觉刺激，为他们在其所处的环境里创设一些有利于观察的视觉焦点，以使他们产生视觉运动。例如：在婴儿的摇篮或房间的天花板上悬挂色彩鲜明的饰物、玩具，如彩色的气球、风铃等；婴儿房间里的陈设以粉色系的块面背景为主，而饰以色彩鲜明、纹样清晰的图片；还可以用色彩鲜明的玩具或图片与婴儿一起玩视觉追踪的游戏：另外，家长及婴儿自身的衣物也是婴儿重要的视觉对象，因此，家长对此也应该做适当的选择。

（二）指导家长创设良好的听觉环境

从某种意义上来讲，音乐是一种流动的艺术。父母每天可以抽出一点时间与孩子共同欣赏音乐，可以选择一些能够反映孩子生活情趣和思想感情的音乐，让孩子认真听、反复听。还可以指导孩子理解音乐，鼓励孩子边唱边跳，或者成人伴唱伴舞为孩子助兴。也可以安排一些家庭音乐会、周末音乐会，邀请音乐爱好者或音乐界的朋友参加，轮流表演节目，让孩子感受到成人对音乐的兴趣和重视，这种潜移默化的影响对孩子也是相当有效的。随着人民生活水平的日益提高，我们接触音乐的机会多了，条件也改善了。智能手机、电脑、蓝牙音箱等智能设备逐渐普及，爱好音乐的家庭也有电子琴、钢琴和其他乐器，这些有利条件都是孩子学习音乐的基础。成人可安排孩子收看电视机里丰富多彩的音乐节目。还可利用智能手机、蓝牙音箱等让孩子模仿演唱、演奏，并进行科学的指导，也可经常让孩子聆听配乐故事、朗诵，并对这些音乐进行形象、生动的描述，让孩子的注意力转换到音乐上来，平时起床时可播放轻快的音乐，开始音量小，待孩子适应后可逐渐增大；睡觉时放些轻缓的音乐，让孩子安宁、甜美地进入梦乡。家长要做有心人，为孩子创造良好的听觉环境。

（三）指导家长创设良好的艺术氛围

家长的艺术修养决定了家庭的艺术氛围，家庭里有关艺术的室内环境、心理环境都是由家长创设的。经常开展艺术活动，能够有效增强家庭的艺术氛围。

3岁前，与宝宝一起做音乐游戏是宝宝最喜欢的活动方式，通过游戏，宝宝能感受并体验音乐的乐趣。音乐与游戏的结合可以让宝宝在游戏中自由地进行表演和创作，更直观地感受到音乐的节奏与旋律。

（四）指导家长创设良好的物质环境

我们可以指导家长在家准备各种各样的颜料，让孩子自由地探索各种颜色带来的快乐，或许不久之后就会发现，宝宝创作出了一幅“印象派”画作；为宝宝准备各种各样的小乐器，让他自由地弹奏、敲击或吹奏，或许不久之后会发现，宝宝创作出了一首令人“情绪激昂”的“军队进行曲”。家长可在家庭的居室中留出一点空间摆放适宜的框子或架子，购买一些音乐玩具，如会唱歌的小动物、打击乐器、电子琴、手风琴等，也可以准备多种颜色的金属盒（易拉罐、响板等）放在上面，让孩子在活动区里开心地敲打，主动听各种不同的声响，模仿小动物的叫声，以此来感知音的高低。成人也要因势利导，播放一些表现小兔、大象的音乐，让孩子感知和表现缓慢稳重、轻松活泼、节奏不同的曲调，这是最适宜的方法。

知识扩展7-1

三、传授家长技巧，陪伴孩子的艺术活动

（一）指导家长陪伴孩子一起进行美术活动

养育孩子欣赏美术作品，体会美术作品的美并熟悉造型艺术的“语言”是指导者需要传递给家长的家庭美术养育目的，同时，还可以指导家长有目的地开展各种美术活动。如剪贴、雕塑、绘画、艺术装饰活动中表现物的很多方法孩子都是能够学会的。孩子可以用胶泥、橡皮泥做出动物、水果、人、器皿等各种形状的物体，而且可以一次又一次地重做，一直做到其自认为满意为止。在塑造的过程中孩子的手眼协调能力、肌肉控制能力、触觉都能够得到发展。剪贴——装饰形象造型，这一活动由两个部分组成：用纸剪下形象，然后把它们贴在一张纸上。这项活动特别鲜明地表现着剪贴对象的形体、大小和颜色，而且还有若干因素的构图安排。因此，剪贴活动特别有助于孩子发展色彩和形体感。绘画——用线条和色彩描绘事物的表现方法，通过线条素描，孩子学习表现物的细节及其轮廓。绘画使孩子学习使用颜色，熟悉各种颜色的差别，描绘一个情节、一个有联系的内容，就要求孩子要有安排物体的本领，赋予人物各种姿态，表现出他们之间的关系。艺术装饰活动对孩子的养育意义是很明显的。早在很古老的年代，在民间就创造出并且世世代代流传下来各种活跃的并能发展孩子想象力的手工艺品、玩具等。艺术装饰活动的特殊价值就在于要应用各种各样的材料，并且不断变化它们的搭配。材料需要准备，需要加工，需要挑选那些最能体现构思的材料。很自然，这一切都能够启发孩子的主动精神，促使他们独立地进行活动和养成探索的性格。

（二）指导家长跟孩子一起进行音乐活动

首先需要培养孩子的一般音乐能力，培养他们对音乐的一般爱好。音乐能够打动小听众的心，引起相应的反应，产生生活联想。孩子在学习体会音乐所表现的内容时，在他们的想象中产生各种不同的形象，在这些形象的影响下，他们努力在歌唱、舞蹈和音乐演奏中表现自己。比如孩子会根据自己的想象在相应的音乐伴奏下表现精神抖擞、阔步向前的战士，欢快跳跃的兔子和轰然倒下的狗熊……有系统地听音乐对奠定孩子的音乐修养很有帮助。孩子在熟悉音乐作品的过程中，如果对他们的欣赏加以指导，就可以发展音乐欣赏的基本能力，介绍作品可以丰富孩子的音乐经验，他们可以听民间音乐、歌曲，听现代作曲家和古典作曲家的作品。这也就是各种题材、体裁的音乐作品。音乐形象逐渐复杂，感觉和情绪越来越多样，音乐所表达的生活现象范围也越来越扩大，因此音乐表现手段也日益复杂。孩子的感情日益丰富，这种感情已经具有鲜明的社会性质，孩子已经有了自己喜爱的作品集，他们会记住这些作品，并且要求重复演奏，同时也培养了一定的欣赏能力。

进行音乐活动主要是培养孩子感受音乐、注意和记忆音乐的能力。音乐欣赏可以逐步扩大孩子的音乐视野，培养他们对音乐的理解能力和兴趣。家长可以根据孩子的年龄特点和接受能力选择多种风格和形式的中外声乐、器乐曲及我国各民族民间音乐供他们欣赏。培养孩子机敏、细腻的音乐情感，培养孩子丰富的音乐想象力，丰富他们音乐之外的知识，以求得对音乐作品内涵的正确把握。另外，家长可以根据孩子的兴趣，鼓励他们参加音乐兴趣小组，举办家庭卡拉OK演唱会，举行邻里歌咏比赛，带他们欣赏高雅的音乐，培养他们对音乐的欣赏能力和音乐修养，还能够使其音乐才能得到发展。

讨论与思考

1.简述审美养育与艺术养育的关系。

2.孩子的涂鸦期分为几个阶段？每个阶段有什么特征？

3.婴幼儿家庭艺术养育的任务是什么？家庭艺术养育方法有哪些？

4.根据婴幼儿身心发展的特点，设计一个艺术方面的家庭指导亲子活动，并练习组织活动和具体操作的技巧。

扫码看本章PPT

（杨显国）

第八章 婴幼儿家庭养育特殊指导

1.了解残疾婴幼儿的行为特点，多动行为幼儿的临床特征及表现。

2.掌握智力异常婴幼儿的基本行为表现；掌握单亲婴幼儿，残疾婴幼儿，多动行为婴幼儿家庭养育指导方法。

3.发现单亲婴幼儿家庭养育的常见问题；感知留守婴幼儿家庭养育的常见问题，明确智力异常的婴幼儿家庭，掌握留守婴幼儿家庭养育指导的要领。

情景导入

在指导婴幼儿家长合理开展家庭养育的过程中，指导者通常会碰到形形色色的家庭与孩子，也会面临各式各样的家庭养育问题。假如您遇见一个父母外出务工，由爷爷奶奶照顾孩子的家庭；假如您遇见一个单身妈妈单独抚养孩子的家庭；假如您遇见一个家庭的宝宝6个月大，却没有明显快乐的情绪；假如您遇见一个家庭的宝宝12个月大，对于别人的呼唤却总是“不理不睬”；假如您碰见一个家庭的孩子1岁半了，却还不会用手指着东西或者关注物品，也不会和家长玩游戏……当指导者遇见这些特殊的家庭和孩子时该怎么做？倘若采用常规性指导往往会收效甚微，甚至徒劳无益。为此，在一般指导的基础上，如何有针对性地指导这些特殊结构的家庭和特殊婴幼儿的家庭，将成为本章讨论的重点。

第一节 婴幼儿特殊家庭养育指导

一、留守家庭婴幼儿家庭养育指导

上世纪90年代以后，我国流动人口规模急剧增长，青壮年劳动力进城务工，留守儿童家庭由此而生，它是社会发展涌现出的一种特殊家庭形式，一般表现为父母双方或者一方外出务工，单亲父母或祖辈与婴幼儿构成的家庭，根据留守婴幼儿家庭监护人的不同，这种家庭的养育主要分为隔代式、“单亲”式、委托式及兄长式四种方式，其中隔代式和“单亲”式的留守婴幼儿家庭最为普遍，家庭结构的不完整会导致家庭养育功能某方面的欠缺，不仅会产生单亲家庭中的一般问题，还将衍生出一系列新的家庭养育问题。

（一）留守家庭婴幼儿家庭养育问题

1. 留守婴幼儿家长思想守旧，重养轻教 农村信息传播不畅，环境相对封闭，留守婴幼儿家长特别是祖辈家长的养育观念更新速度较慢，陈旧落后，常常带有自己过去经验的“烙痕”。他们对婴幼儿养育缺乏正确的认识，很难意识到婴幼儿阶段适宜的影响对其发展的重要性。按照传统经验，他们只注重对婴幼儿的养育，而不关注对婴幼儿的教育，让婴幼儿身体健康、吃饱穿暖成为家长的主要任务，其他事情就放任自流，听之任之。教育被狭隘地解读为教孩子读书认字，认为婴幼儿时期不需要教育，教育要等上学后遇见老师再说。这些陈旧的养育思想贻误了婴幼儿身心发展的重要时机，制约了婴幼儿的发展。

2. 留守婴幼儿家长养育知识缺乏，养育方法不当 由于农村留守婴幼儿家长的文化层次普遍不高，对婴幼儿早期养育知识与身心发展知识了解较少，他们会因循守旧，沿用许多不恰当但传统的育儿方法。比如为方便自己干活又照顾婴幼儿，家长会为婴幼儿打蜡包，固定在身上。甚至有家长采取沙袋育儿，这些做法严重束缚了婴幼儿的手脚，不仅阻碍运动发展，也剥夺了婴幼儿探索世界、获得丰富刺激的机会，不利于大脑发育。另外，农村留守婴幼儿家长育儿知识的缺乏还制约着家庭养育质量的提高，他们能够基本满足婴幼儿的温饱需要，却不知如何为婴幼儿提供合理的营养膳食；他们可以让婴幼儿自由玩耍，却不知道如何提供材料，让婴幼儿玩得有意义。如此种种，不一而足，农村留守婴幼儿家长的素质亟待提高。

3. 留守婴幼儿家庭养育能力有限，势单力薄 留守婴幼儿家庭主要劳动力缺失，家庭养育人力资源不足，留守家长不仅要完成繁重的劳作任务，还要处理各种家庭琐事，照顾稚嫩的婴幼儿往往会缺乏耐心，粗暴简单。如果留守婴幼儿由祖辈隔代养育，他们的体力和精力十分有限，对婴幼儿的养育就更显得力不从心。此外，留守婴幼儿家庭结构的不完善也容易造成婴幼儿性格的缺陷。根据埃里克森人格发展理论可知，0～3岁婴幼儿正面临基本信任和不信任的心理冲突，对家长的依赖性极高，需要得到家长的呵护与关爱。如果婴幼儿无法得到家长呵护备至的照顾与关爱，那么他们就无法应对心理冲突，变得难以信任他人，缺乏安全感。留守婴幼儿的父母常年在外，无法亲自照顾婴幼儿，不能与他们亲密互动，使他们失去了亲子养育的最佳机会。缺乏父爱和母爱的婴幼儿情感难以满足，容易形成自信不足、缺乏安全感、沉默孤僻或者任性暴躁、脾气古怪等不良性格，出现退缩性行为。

4. 留守婴幼儿家庭养育条件有限，资源短缺 我们知道养育环境的优劣决定了婴幼儿

发展水平的高低，相对于城市而言，农村家庭的养育资源匮乏，留守婴幼儿家庭的养育条件更为不足。在心理环境方面，留守婴幼儿家庭不仅容易缺少完整家庭里和睦、温暖的家庭氛围，还缺少完整的父母角色和亲子养育，婴幼儿不能从父母身上模仿学习，转而模仿行动和思维日渐缓慢的祖辈家长，就容易养成慢吞吞的习惯。而且家庭成员较少，交往对象单一，还能够限制婴幼儿的语言的发展和人际交往。在物质环境方面，留守婴幼儿家长很少有意识地为婴幼儿准备丰富的玩具和学具，也很少为婴幼儿选择适宜的图画、绘本和音乐等养育素材。然而婴幼儿正处于直觉行动思维阶段，他们身心的发展依赖于外界环境的刺激，他们对事物的理解需要对事物的直接感知，蕴含在操作行动之中。因此，有限的养育资源导致婴幼儿学习机会十分稀少，他们所获得的发展也非常局限。

（二）留守家庭婴幼儿家庭养育指导方法

虽然农村留守婴幼儿的问题层出不穷，但留守婴幼儿家长对家庭养育的意识依然淡漠，较少将婴幼儿送到幼儿园、早教机构，获取专业指导。目前，针对留守婴幼儿家庭养育的有组织的指导严重缺失，几乎处于空白阶段，这需要政府的大力扶持和社会力量的广泛支持，从人力、物力和财力上大量投入，积极改善。

1. 整合多方指导力量，建立指导机制

对留守婴幼儿家长的指导需要调动多方面的力量，明确政府责任。可以由养育系统牵头，联合村委会、卫生所、村妇联、幼儿园等农村基层组织以及非政府组织的力量，相互配合，共同努力，建立指导机制，为留守婴幼儿家庭养育指导提供保障和支持。

（1）以村为单位对留守婴幼儿家庭进行摸底统计，了解留守婴幼儿家庭的基本情况和问题，建立留守婴幼儿档案，定期记录留守婴幼儿身心发展状况。

（2）成立基层家庭养育指导小组，负责本村的家庭养育指导工作，特别关注那些留守婴幼儿家庭，采取有针对性的指导措施。

（3）争取村内、外的各种支持，征集有条件、有能力的志愿者（例如：学前养育专业大学生、退休医生、退休教师、有经验的家长等），建立留守婴幼儿流动服务站，定期走访留守婴幼儿家庭，帮助他们解决家庭养育中的问题，改善家庭养育环境。

最后，对于留守婴幼儿家长工作与养育矛盾十分突出的家庭，可以委托代理家庭和家长帮助看护。

2. 开办留守婴幼儿家长培训班，提升家长的育儿素养　前已述及，留守婴幼儿一般由祖辈或单亲母亲（父亲）照顾，他们的育儿知识不仅缺乏而且陈旧，育儿观念也较为落后，这严重阻碍了婴幼儿的健康成长，因此，解决留守婴幼儿家庭养育问题的关键在于提升留守婴幼儿家长的养育素养，形成合理科学的早期家庭养育观。为此，定期开展留守婴幼儿家长培训班，进行集中指导不失为一种简单易行的指导方式，培训班可以依托当地卫生所和幼儿园的师资与场地，围绕婴幼儿身心发展规律，婴幼儿营养膳食、婴幼儿卫生与保健、婴幼儿家庭养育的方法和任务、婴幼儿常见问题的处理等主题为留守婴幼儿家长系统地传授幼儿知识。培训还要充分考虑家长的接受水平和文化层次，照顾家长的学习时间和要求，培训者可以根据家长意见将培训时间安排在农闲时间，采取案例分析法、讨论法、讲授法、演示法、单项训练法等多种方法普及育儿知识，提升育儿能力，还可以请一些家长现身说法，分享育儿经验，让家长获取简单、易懂的实用知识。

3. 拓展指导途径，多渠道开展指导 短期集中的培训班是提升留守婴幼儿家长养育素养的一种指导途径，但要全面提升留守婴幼儿家庭的养育质量，还需要综合运用多种方法，多管齐下，利用多种渠道进行指导。例如，指导者可以为留守婴幼儿家长编制通俗易懂的婴幼儿教养手册，免费为留守婴幼儿家长发放，在教养手册中融入鲜活的案例，并穿插一些融合育儿常识和家庭养育的顺口溜，配上插图，便于家长理解并识记。又如，可以借助村广播、图文并茂的健康宣传栏等方式为婴幼儿家长宣传家庭养育知识，还可以在全村组织播放《向日葵》《小孩不笨》《放牛班的春天》《地球上的星星》《孩子的声音》《叫我第一名》《小鞋子》《伴我同行》《看不见的孩子》等经典的养育电影，引起留守婴幼儿家长对家庭养育的关注和反思。

4. 开放农村社区公共服务设施，丰富养育资源 鉴于农村留守婴幼儿家庭的养育资源匮乏的问题，我们可以充分发挥农村社区的力量，共享社区养育资源，既可以开放农村社区活动中心，还可以在非行课时间开放村里的幼儿园和小学，为留守婴幼儿与家长提供活动场所和空间，并配备相应的玩教具和图书，供留守婴幼儿与家长借阅，安排专人负责管理，形成常规性制度。此外，还可以定期开放学校的计算机机房，委托高年级学生或者教师帮助留守婴幼儿、家长与外出务工的婴幼儿父母借助网络进一步交流，通过视频聊天的方式，促进婴幼儿与父母、监护家长与婴幼儿父母的互动、沟通、交流，加强父母对婴幼儿的关照。

二、单亲家庭婴幼儿家庭养育指导

单亲家庭是因父母离异或某一方去世等原因所形成的由单一父母与子女组成的家庭。根据不同的原因，可以分为离异式单亲家庭、丧偶式单亲家庭与其他单亲家庭（如未婚先孕，两地分居），如果这些家庭的单亲父母再婚又会形成重组家庭。随着社会离婚率的不断攀升，离异式单亲家庭越来越多，以至于由父亲一方或母亲一方单独抚养0～3岁婴幼儿的情况也日益增多，由此产生了许多新的问题。

（一）单亲家庭婴幼儿家庭养育常见问题

1. 单亲婴幼儿家庭父母教养观念狭隘 单亲婴幼儿父母所面临的生活压力远远高于核心家庭，他们不仅要努力工作，而且要照顾襁褓中的孩子，且无人倾诉与分担，负面情绪

难以排解，父母的负面情绪也无形地感染着婴幼儿，为婴幼儿带来压力。此外，家庭结构的不完善也会影响单亲父母的养育期望和态度，有很多单亲父母与孩子相依为命，不由自主地将所有的生活期待与生活目标寄托在孩子身上，把孩子当成自己的精神支柱，甚至是“私有财产”。即使对于嗷嗷待哺的婴幼儿，他们往往也会提出过高的要求，把培养婴幼儿成才看成弥补自己生活不幸的途径，注重婴幼儿身体发育与智力开发，忽视其性格养成与习惯培养，从婴幼儿开始规划孩子的人生，希望孩子能够按照自己的期待发展，满足自己未完成的生命愿望。但这种“争面子”“争口气”的养育思想仅仅是单亲父母的一厢情愿，反而会事与愿违地给婴幼儿的心灵戴上枷锁，成为婴幼儿发展的沉重负担。

2. 单亲婴幼儿家庭父母教养行为异化　承担着各种压力的单亲婴幼儿父母经常把孩子看得过于重要，容易走向过度溺爱孩子的极端，这样的单亲父母会竭尽所能地保护孩子，照顾孩子，对孩子有求必应，希望通过自己的努力补偿孩子失去父爱或母爱的愧疚。然而，对孩子的溺爱会造成他们生存能力差、任性骄纵、过于依赖、自私自利等问题。同时，单亲婴幼儿父母也可能会疲于应对生活琐事，忽视对孩子的照顾，在对待孩子时显得粗暴简单，经常把对孩子的爱简化为好吃的零食或买昂贵的玩具，对孩子限制过多，面对孩子成长的问题缺乏耐心，稍不顺心就会恐吓，甚至打骂孩子，处于这一极端状态的单亲父母会导致孩子产生敏感、脆弱、自卑、怯懦、畏首畏尾等一系列心理问题。无论是哪种教养方式，若非理性、非民主地对待孩子，平静地陪同孩子成长，都将会对孩子造成伤害，且年龄越小，伤害越重。

3. 单亲婴幼儿家庭教养力量不足　在社会快节奏和高压的生活状态下，单亲家庭的家长一般很难仅凭一人之力抚养孩子，他们通常对孩子的关爱有限，无暇及时满足孩子的需要，造成孩子敏感孤僻的不良性格。例如：单亲妈妈既要努力工作，获取经济收入，又要照顾弱小的婴幼儿，宝宝的啼哭会使妈妈心烦意乱，工作效率低下，工作完成不好的她也就无法抽身满足宝宝的多种需要，从而陷入恶性循环。即使许多单亲父母会选择求助于自己的父母，与祖辈生活在一起组成主干家庭，但隔代养育又会催生教养意见不同、养育观念陈旧等新的问题。而且众所周知，父母在孩子的成长中扮演着不同的角色，父亲阳刚、果敢，可以培养孩子的勇敢、进取和责任感；母亲慈爱、细腻，可以给孩子感情抚慰。在敏感的婴幼儿阶段，父爱或母爱的缺失都会影响孩子完善人格的发展。处于单亲家庭的婴幼儿还可能受到来自外界的负面评价，认为自己被妈妈或者爸爸抛弃，从而产生自卑心理。

（二）单亲家庭婴幼儿家庭养育指导方法

毋庸置疑，婴幼儿阶段的发展奠定了未来发展的基础，家长无微不至的教养至关重要，单亲婴幼儿家庭结构的破裂容易给婴幼儿带来伤害，需要指导者倾注额外的精力，为单亲家长提供特殊的帮助和支持。

1. 辅助单亲婴幼儿父母心理调适 解决单亲家庭养育问题的关键在于解决单亲父母的心理问题，指导单亲父母的家庭养育首先要帮助单亲父母做好心理调节，平衡心态。婴幼儿父母的行为对婴幼儿的影响非常显著，他们既是婴幼儿学习的榜样，也是婴幼儿情绪情感的风向标，心理健康的父母才能养育性格健全的孩子。单亲父母如果随意将“爸爸（妈妈）不要我们了”，“以后不要随便相信别人”等怨言以及不良情绪发泄至孩子身上，将给孩子带来极大危害。因此，指导者一方面要告诫单亲父母保持良好的心理状态对于婴幼儿培养的重要性，另一方面可以传授一些情绪管理、心理调节的方法，适时释放压力。单亲父母只有找到合适的途径宣泄不良情绪，走出家庭解散的阴影，重新振作，才能更好地承担为人父母的责任，为孩子创造愉快、积极的家庭氛围，给孩子坚强独立、自强不息的正向示范。

2. 强化单亲婴幼儿父母的养育责任 俗话说，养不教，父之过。虽然单亲婴幼儿家庭父母在照顾子女时需承受更大的生活压力与心理压力，但教养子女是父母应尽的义务，无法逃避，指导者要为家长介绍父母角色对于婴幼儿健康成长的不可替代性和重要性，让其勇于担当。特别是对于离异型单亲婴幼儿家庭，指导者更要强调离异父母双方对婴幼儿成长的共同责任，尽量不要将父母的不幸转嫁给孩子，尽量减小父母婚姻破裂对孩子造成的伤害，即使是离异后孩子单独跟随母亲或者父亲，也要避免出现不准另一方接近孩子或者另一方不再过问孩子的问题。无论怎样，为了婴幼儿的健康成长，离异父母依然需要义不容辞地养育、照顾孩子。对于不具监护权的父母一方而言，也要积极地寻找抚养孩子的有效方法，同时承担起对前配偶和孩子的经济责任。不具监护权的父母一方还可以利用网络、电话、定期见面等各种途径与孩子沟通交流，消解孩子被抛弃的顾虑，关心孩子成长，让孩子感觉到父母虽然不在一起了，但他们都很爱自己，以满足孩子精神生活的需要。

3. 传授单亲婴幼儿家庭针对性养育方法 根据单亲婴幼儿家庭容易出现的问题和可能性危害，指导者可以通过组织专题讲座、发放教养资料或者现场指导等方式为单亲婴幼儿家长提供养育建议，帮助他们化解矛盾，扬长避短。具体而言，指导者可以为单亲婴幼儿家长介绍的养育方法有：

（1）建构合理的养育期待。孩子既不是单亲父母的附属财产，也不是单亲父母改变生活的工具。指导者要循循善诱，促使单亲父母对婴幼儿的期待回归理性，把孩子看成独立的个体，尊重孩子，以全面发展、健康人格的养成为养育目的。

（2）给予孩子多维度的爱。单亲父母要善于调动亲戚朋友的力量，协助自己照顾孩子，尽可能地多陪伴孩子，共同玩耍，及时发现孩子的变化并满足孩子的需要，建立积极的依恋感和安全感。

（3）鼓励孩子参与人际交往。与人交往不仅能促进孩子社会性的发展、语言的发展，还能帮助孩子获得不同的性别角色示范，开阔眼界和胸怀，避免孤独感的产生。

（4）培养孩子一种或多种兴趣。兴趣是生活的调剂，单亲父母要善于发现孩子在婴幼儿阶段就表现出的对跳舞、涂鸦、运动等某类活动的偏好倾向，适时引导，形成兴趣，这不仅可以转移孩子的不良情绪，还可以帮助孩子获取成就感。

（5）塑造孩子坚韧的性格。家庭的不完整既是养育缺陷也是养育资源，单亲父母要为孩子传递正确面对生活不足的积极心态，严格要求孩子，与孩子共勉，共同应对困难。

此外，倘若单亲家庭父母再婚形成重组家庭，还将产生宠爱嫉妒、偏袒不公、教养意见不一、家庭关系紧张等新的问题，亟待关注。指导者也可以为重组家庭家长提供统一要求、宽严适度、平等民主、沟通理解等养育建议，提升重组家庭的养育质量。

三、二胎家庭婴幼儿家庭养育指导

（一）二胎家庭中子女易出现的问题

2013年，党的十八届三中全会决定全面启动“单独二孩”政策，即“一方是独生子女的夫妇可生育两个孩子”的政策。2015年，党的十八届五中全会进一步明确提出“全面二孩”政策，即“全面实施一对夫妇可以生育两个孩子”的政策，该政策于2016年1月1日起正式实施。随着我国二孩政策的放开，越来越多的家庭迎来了第二个孩子。

由于二孩家庭的夫妻绝大多数是独生子女（“单独”或“双独”），在面对家庭结构的变化时，会遇到不少棘手、难以解决的问题。第二个孩子出生后，父母很自然地将更多的注意力从“大宝”转移到“二宝”身上，“大宝”会感受到巨大的心理落差。大宝会觉得自己在父母心中的位置被二宝取代了，他无力改变这样的局面，只能让自己在心理上退回到更小的阶段，或者压抑自己的需求，成为“懂事的小大人”，希望以此取得父母的关注。父母常常以“哥哥姐姐就应该让着弟弟妹妹”的方式简单处理孩子间的矛盾，这使得年长的孩子会有更多不良的社会性情绪。那些认为父母偏爱弟弟妹妹的婴幼儿往往会伴随较多的情绪问题、行为问题和自尊问题。无论孩子多年幼，对父母关爱别人这件事都会非常敏感。例如，不满1岁的婴儿在母亲关注其他婴儿时，会表现出生气、不安、甚至愤怒等情绪。在家庭中，父母很难同时关注和满足所有孩子的需求，由此引发的嫉妒心理是婴幼儿很普遍的情绪体验。国外的研究发现，学龄儿童自我报告的因弟弟妹妹引发的嫉妒情绪一个月至少会出现一次，嫉妒情绪一般会持续30~60分钟，甚至更久。而且这种嫉妒情绪的产生存在性别差异，女生报告自己产生嫉妒情绪的频率要多于男生。追踪研究发现，“大宝”强烈的嫉妒情绪反应及不良的调控方式会导致大约两年后与弟弟妹妹产生不良的关系，从而引发更多的矛盾冲突。

与独生子女家庭相比，如果父母能够处理好两个孩子的关系，反而会更加有利于孩子的发展，孩子会更懂得感恩，学会谦让与合作、分享与关爱、妥协与包容、责任与互助，而这样的教养结果与父母的教养方式有着密切的关系。

（二）二胎家庭婴幼儿家庭养育指导方法

1. 加强对“大宝”心理方面的关注 对于是否生育二胎以及如何养育子女，父母应合理规划，因为它涉及家庭的养育、经济、文化、个人发展等方面。很多孩子不接受父母再生育，是担心别人与自己分享父母的爱，因此，父母应将与年长子女的沟通作为生育二胎的重要准备内容。父母可以告诉孩子，再要个弟弟或妹妹是为了更好地陪伴他，即使有了弟弟妹妹，父母也会一如既往地爱他们，引导孩子喜欢弟弟妹妹。让“大宝”一起参与准备与“二宝”有关的生活用品，一方面是对年长孩子的尊重，另一方面能让年长孩子感受到即将成为哥哥姐姐的期待和兴奋。养育过程中，父母的行为能够更直接影响年长子女的身心发展。第二个孩子出生后，父母对年长子女应尽可能保持原有的养育行为，合理分配时间，及时对其需求做出积极反应。加强情感交流，多抚摸、拥抱、亲吻孩子。父母的爱可以让“大宝”产生内心的平衡感，在形成这种平衡感之后，才有可能培养起年长幼儿对弟弟妹妹的责任心及包容心。

2. 妥善处理两个孩子之间的关系 父母在处理孩子之间的矛盾时，要牢记保持客观公正的态度，鼓励两个孩子互相学习，互为榜样。家长的干涉方式和方法能够影响年长孩子与弟弟妹妹之间处理矛盾的方式和矛盾产生的频率。如果家长的干涉是公正公平的，那么孩子们之间的矛盾频率较低，即便是发生矛盾也往往可以通过谈判等“非暴力”方式解决。一项调查研究发现，如果母亲在解决孩子们之间的矛盾时较多使用惩罚性和压制性方法，6个月之后，年长的孩子对待弟弟妹妹的敌意行为增多。面对孩子间的矛盾，父母不能一味地偏袒年纪较小的孩子，而无原则地让“大宝”做出妥协与忍让。父母应鼓励孩子说出事情的原委，表达内心的感受，引导孩子站在彼此的角度考虑对方的意愿和想法，鼓励孩子提出解决问题的方法。在这个过程中，让孩子学会遵守规则，学会表达自己的需求与情绪，提高解决问题的能力。

在和谐的家庭生活中，两个孩子可以互为玩伴，在朝夕相处中感受到手足之情。由于年龄小，孩子们之间不可避免地相互地争吵与打闹，家长要从小事中让孩子感受到彼此之间的依赖，适当巧妙地向孩子们传输“彼此相互陪伴不孤单”“哥哥姐姐要学会照顾弟弟妹妹，成为他们的榜样”“弟弟妹妹有事情可以向哥哥姐姐请教，要尊重哥哥姐姐”这样的观念。

四、重组家庭婴幼儿家庭养育指导

（一）重组家庭中婴幼儿易出现的问题

近年来，随着我国离婚率的不断上升，再婚重组家庭逐年增多，成为一种常见的家庭

类型。在这类家庭中，家庭成员之间的关系不是基于血缘而是基于姻亲，具有一定的复杂性与脆弱性，这让重组家庭子女的养育问题尤其突出和敏感。继父母与继子女之间的关系是否和睦融洽，不仅会影响孩子的健康成长，也会影响再婚夫妻的感情。国内针对重组家庭子女的研究结果表明，重组家庭的儿童比一般正常家庭儿童的问题多，主要表现在：

1.明显的心理问题，如自卑、胆怯、孤僻，自尊度偏低。

2.情绪极不稳定，恐惧、失望、郁闷、不安等不良情绪明显。

3.行为畏缩，多疑、敏感，社会适应不良。

另有相关研究发现：重组家庭中的男孩子多表现为攻击性强、多动和违纪问题突出，女孩子则多表现出抑郁、冷漠等问题。重组家庭中，家庭结构的变化导致家庭关系的失调，亲子关系及家庭内部环境发生了很大变化，这成为影响婴幼儿心理和行为问题的主要因素。

（二）重组家庭的婴幼儿家庭养育指导方法

1. 经营好夫妻关系，创设和谐的家庭氛围　重组家庭中，夫妻双方更需要彼此尊重、互帮互助，在接受这段亲密关系的同时，必须接受双方的过去，尊重配偶的前任伴侣，尊重配偶与前任伴侣对孩子共同的义务与责任。面对家庭中的各种矛盾，双方应及时沟通、交流，互相理解，冷静客观地面对自身不够完善的地方，努力改变、提升自己，适应新的关系与角色。既然选择对方做伴侣，就应同时接受对方的孩子，勇敢地承担起应尽的责任。

2. 无条件地接纳、尊重双方子女　在刚开始组建新的家庭时，婴幼儿会保留过去家庭中的某些生活习惯和特点，对此，继父（继母）应该予以理解和接纳，尊重婴幼儿的个性特征与个性行为，随着婴幼儿对新的家庭成员建立起依赖与信任的情感，再慢慢培养其新的、良好的生活习惯。接纳婴幼儿对亲生父母的感情依赖，而不要试图阻断孩子与亲生父母的往来，因为那样只会适得其反，使婴幼儿更加难以融入新的家庭。面对一个“陌生家人”的存在，有的婴幼儿会产生自卑、抗拒甚至叛逆的心理。一方作为孩子新的监护人，要设身处地为孩子着想，允许婴幼儿有情绪，尝试理解婴幼儿情绪背后的心理需求。接纳婴幼儿的错误，让婴幼儿知道犯错是非常正常的事情，感受到新家庭的包容和关爱。无条件地接纳会给婴幼儿带来安全感，安全感对婴幼儿心理的发展有着非常重要的影响。

3. 公平、友爱地对待双方子女　相比较而言，年龄越小的婴幼儿越容易与继父或继母建立感情。家庭发生改变，无论是离婚还是再婚，孩子首先感受到的是安全感缺失。继父母对待继子女应与亲生子女一视同仁，让家庭中每一个孩子都能感受到父母的关爱与温暖。如果重组家庭中的夫妻双方各自只管自己的孩子，而对另一方的子女采取放任自流、不管不问的养育方式，这样会加重继父母与继子女在情感上的疏离，最终导致更严重的家庭矛盾。当重组家庭中有了新生命的诞生，更应注意，不要在有意无意间疏远、冷落已有的子女。爱是家庭对孩子最好的养育，孩子只有感受到家的温暖，才会从心理上认可新的家庭。

4. 成人之间养育观念要保持统一 就养育孩子而言，重组家庭夫妻双方在养育态度、养育观念和管教方式上往往存在着分歧，并常因此而发生争吵。这种分歧和争吵不仅会影响婚姻质量，也会影响婴幼儿的心理健康，导致婴幼儿无所适从，因缺乏安全感而感到焦虑、恐惧。有的孩子会钻空子，利用成人的分歧和矛盾，为自己的不当行为寻找“保护伞”；有的孩子甚至会在不同的家长面前表现出不同的行为，“欺软怕硬”。这些都对婴幼儿社会性的发展及品格的形成带来极大的负面影响。为了婴幼儿的健康快乐成长，重组家庭成员之间要协调好彼此的关系，多交流沟通，多尊重理解，达成一致的养育理念与教养方式，共同养育子女。

第二节 特殊婴幼儿家庭养育指导

一、智力异常婴幼儿家庭养育指导

婴幼儿出生后，首先接触到的第一个社会环境就是家庭，婴幼儿能否健康成长，父母是关键。特别是智力异常的婴幼儿的成长与发展，和父母养育、家庭环境以及家庭养育的具体指导方式和方法的关系极为密切。

（一）智力异常婴幼儿家庭养育面临的问题

智力（intelligence）是指生物一般性的精神能力，是指人认识、理解客观事物并运用知识、经验等解决问题的能力，包括观察、记忆、思考、想象、判断等。智力异常的婴幼儿是指婴幼儿在发展期间，其智力状况的发育明显偏离了智力发育的正常范围，主要表现在智力落后发展和智力超常发展。

1. 智力落后婴幼儿家庭养育面临的问题 智力落后的婴幼儿是指婴幼儿在生长发育期间，其智力发展的状况明显落后于同月龄段的正常婴幼儿的发展水平，并伴随着明显的行为障碍与语言障碍。智力落后的婴幼儿在其智力受限的程度上可分为轻度、中度、重度和极重度四级，能够进行基本的生活和学习的多为轻度和中度智力落后的婴幼儿。智力落后婴幼儿家庭养育面临着诸多困境，其具体的问题表现在以下几方面：

（1）家长事事包办代办，智力落后儿童生活自理能力差：智力落后的婴幼儿生活自理能力差，家长觉得孩子做事不方便，行动慢，对其失去耐心和等待，于是乎对于智力落后的婴幼儿采取事事包办代替的做法。长此以往，他们在生活方面对家长的依赖更为严重，

连最基本的生活起居都离不开家长的帮助。这样一来，他们在生活方面的自我照顾就缺乏真实的生活体验，生活自理能力难以形成和发展，家长的包办代替只能解决孩子生活照顾的基本问题，图一时之快，但是，从根本上要帮助孩子，家长就要学着放手，孩子尽管会碰壁，有困难，但需要坚持在艰难中慢慢前行，让孩子在日常生活的体验中感受生活的乐趣，一步一个脚印地逐渐养成良好的生活自理能力以及生活习惯。

（2）家长害怕孩子受到伤害，限制智力落后婴幼儿与同伴交往：在家长眼里，孩子本来在智力方面的发展已经落后了，在日常生活中就应该受到重点保护。家长担心孩子外出会受到伤害，于是就把孩子关在家里，担心被别人欺负，被别的孩子歧视和嘲笑，就限制或者直接割断他们与正常的孩子进行正常交往。与其说家长的这种行为是在爱护和保护孩子的发展，倒不如说这种认识和限制行为是对智力落后婴幼儿与同伴交往的严重阻碍和伤害，对其个性和社会性发展都会造成不良影响。

（3）家长对智力落后婴幼儿的认识存在偏差，教养能力及技巧不足：家长没有正确认识智力落后的婴幼儿的价值，在家长眼里，片面地将智力落后的婴幼儿和“残疾”“智力障碍”“残废”等同，导致家长对孩子的美好憧憬被“残疾”的定义打破，产生失望的心态，将智力落后的婴幼儿看作“废物”。在这样的家庭环境中，智力落后的婴幼儿是得不到适宜的、和谐的，甚至是必要的最基本的养育。此外，家长缺乏对智力落后婴幼儿的基本的家庭养育训练技巧

如基本的感知觉训练、亲子游戏训练以及生活自理能力的训练等。

2. 智力超常婴幼儿家庭养育面临的问题　智力超常的婴幼儿是指智力发展水平明显超过同龄婴幼儿一般发展水平或具有某方面特殊才能的婴幼儿。国际上比较普遍的做法是把智力水平处于同龄人群中前3%的婴幼儿视为智力超常的婴幼儿。智力超常婴幼儿是客观存在的，主要表现为两种：一种是在某一方面有特殊能力，一种是其整体心理水平全面超常。家庭养育对超常婴幼儿的影响有积极和消极的方面，对于智力超常婴幼儿家庭养育面临的问题，主要表现在家长的教养方式、教养观念、养育方法、养育环境等方面。

（1）家长对孩子的养育功利化、模式单一：在现实生活中，很多天才儿童并非全才，其天才表现可能是在学业外的某方面，如音乐方面。莫扎特3岁登台表演，4岁可以记住音乐会上的每个乐谱：肖邦8岁显露出音乐才华。但他们在学业上表现并不突出，也就是说儿童个体本身是发展不平衡的。因此，家长一定要端正养育态度，形成正确的养育观念。当前家长对待超常婴幼儿的养育存在功利化的思想，不仅想方设法把自己的孩子培养成全面发展的“全才”，还专门训练孩子的某一项特长，彰显天才儿童的成绩。家长对孩子的这种养育带有明显的功利性，不顾孩子自身的特点而盲目进行养育训练的“加速式”养育无疑是一种“揠苗助长”的行径。因此，家长应正确对待天才儿童，消解养育的功利化色彩，改变“加速式”养育的单一养育模式。

（2）家庭教养态度及方式的冷漠形同“心灵虐待”：在生活中，有的家长由于太专注于个人的事业，或因生活压力大、情绪不好，或婚姻变异等，对孩子态度冷漠，表情冷若冰霜，使孩子望而却步，进而使他们逐渐地将心灵之窗关闭。从儿童心理发展的角度来看，孩子对家长有很强的亲切感，对家长存在一定程度的依恋行为，常常在生活中从家长那里寻求安全的需要，以此在家长那里获得安全依附，而缺乏爱抚的孩子则总是远离大人，以避免被呵斥、辱骂、拒绝和失望。家长的教养方式和家庭氛围对孩子的影响也很大。例如，有的家庭气氛是贬低型的：在不少的家庭中，家长对孩子期望过高，而失望时则又“恨铁不成钢”。尤其是家长总是用天才儿童的模式或成人的标准来衡量自己的孩子，去苛求他们，对孩子的进步总以为是理所当然，不加肯定，而对他们哪怕是一点点的过错，却呵斥不已、大动肝火、刻意贬损、讥讽挖苦，侮辱孩子的人格，弄得孩子手足无措，垂头丧气，深深地伤害了孩子柔弱的心灵。还有的家庭氛围是支配型的：许多家长总是把自己的意志强加给孩子，或斥责或恐吓，用各种手段来禁止孩子去独自探索外面的世界。这无异于一堵看不见的墙，把孩子的精神禁锢起来，从而扼杀了孩子们本有的属性及天然的好奇心，可以说，这是心灵虐待中最为恶劣的一种方式。

（3）家长对孩子的养育错失关键期，忽视非智力因素的培养：婴幼儿的发展有其自身的规律和特点，家长在婴幼儿家庭养育中由于各种原因忽略了孩子发展的关键期，从而错失养育良机。此外，许多家长被“神童”的光环所蒙蔽，非常重视孩子的智力发展和训练，对孩子的兴趣、独立性、情绪情感发展、好胜心、诚实、友爱、谦虚的个性品质，良好的道德发展等非智力因素的关注不够，往往导致婴幼儿人际关系等社会性发展不良，在超常婴幼儿家庭养育中，家长要认真对待孩子的养育问题，同时也要多注意反思家长自身在对孩子进行家庭养育时存在的问题及误区。

（二）智力异常婴幼儿家庭养育指导的方法

1. 智力落后婴幼儿家庭养育指导的方法 智力落后的婴幼儿的发展状况和家庭环境、父母的养育关系极为密切。家里有一个智力落后的孩子，对于整个家庭来说是一种严峻的挑战，但这也并非不可解决的难题。家庭对任何儿童来说都是其发展的中心，但对于智力落后的儿童家庭而言，就需要付出更多的精力和时间。因此，对于指导家长如何利用科学的方法对智力落后的婴幼儿展开家庭养育显得尤为重要。

（1）指导家长培养和提高孩子的生活自理能力及生活习惯：日常生活自理能力包括自我着装、独立饮食、个人卫生保洁、独自大小便、基本的卫生清扫等，培养智力落后婴幼儿的生活自理能力是家庭养育的重要组成部分，不但能减轻家庭的负担，还能减轻社会的负担，通过一定的强化训练，可使智力落后婴幼儿掌握衣着、饮食、大小便、睡眠、个人卫生和安全等方面的基本知识，达到最基本的生活自理，从而使他们能够更好地适应社会。生活训练是婴幼儿生活自理能力的训练，这项训练是智力落后婴幼儿养育的重要目标

之一，这是由其自身发展的特点所决定的。对智力落后的婴幼儿生活自理能力的训练，有利于他们的个性品质和良好生活习惯的培养；有利于补偿他们的智力缺陷，在一定程度上促进其智力的发展。

智力落后的婴幼儿生活养育的具体目标主要有：①培养智力落后的婴幼儿生活自理、乐于交往的态度与习惯；②丰富和拓展智力落后的婴幼儿关于社会生活方面的知识、经验；③培养智力落后的婴幼儿生活自理、社会适应方面的基本技能，较好地开发他们的智力潜力；④促进智力落后的婴幼儿自主、负责任、自信、不怕困难和挫折、有爱心、合作、讲礼貌、守纪律和求上进的积极个性品质的形成。

（2）指导家长进行语言矫治训练，放手培养孩子正常的社会交往能力：语言是思维的外壳，也是孩子进行交往的工具和信号。智力落后婴幼儿的语言能力发展迟缓，多半以上的孩子有语言缺陷，但是往往孩子到3～4岁才能发现有问题，因此，家长要注意婴幼儿语言习得的关键期，抓住2～3岁这个婴幼儿学习口语的最佳时机，对其进行矫治和训练。

指导家长结合具体形象的实物与孩子进行语言交流，增加婴幼儿语言发展的机遇。此外，对于语言发展迟缓的矫治，家长可以先让孩子听音，学会倾听环境中的任何声音，模仿成人发音，然后是听音指物的语言训练，最后是看图说话、念儿歌等口语对话练习。

家长要摆正心态，放手为孩子创设良好的语言环境和社会交往的条件，放手让孩子与同伴交往，不要害怕孩子会受到伤害和歧视，要让孩子在环境中、在与同伴的交往中模仿学习正确的行为举止，培养孩子良好的情感和个人品质。家长要适时地参与，并对其进行指导，如分享玩具，关心他人，学会谦让等。

（3）指导家长正确认识孩子，提高家庭养育训练技巧：家长要正视孩子的问题，要对孩子有信心，有耐心。要尝试了解孩子的身心需要，保护他们的自尊心，及时给予有针对性的训练和帮助，孩子就会在今后的生活中逐步步入生活的正轨。

智力落后的婴幼儿记忆力差，对知识的记忆非常零散，因此，要指导家长对孩子进行反复练习，运用形象直观的材料，让孩子在观察、模仿中进行学习。家长要不厌其烦地进行指导和训练，不能以养育成效不大和没有时间为由放弃对孩子的养育训练，这是不负责任的行为。

家长要注意生活中家庭环境的熏陶，对智力落后婴幼儿的养育渗透在一日生活的细节之中，要给他们创造良好的家庭氛围，积极的情绪情感体验，让他们在自由快乐的情绪中成长发展。

家长要提高对智力落后婴幼儿的视觉、触觉、听觉、味觉和嗅觉等感知觉的训练，主要以游戏的形式，让他们在活动中感受各种感知觉的刺激，并训练他们的手眼协调发展、四肢协调发展以及动作的协调性和灵活性。

此外，指导家长注意观察生活中智力落后婴幼儿的行为表现，启发他们的好奇心，同时掌握时机，创设情境，训练他们掌握一些基本的简单的生活常识，如注意交通规则，过马路时要注意看红绿灯等，这些方面的指导内容和智力落后婴幼儿的生活密切相关，指导家长注意加强与智力落后婴幼儿的情感沟通、交流和互动，让这些特殊儿童感受情感的呼唤和“回归”。

最后，指导家长采用“小步子”的方法，将生活中的一个个技能分解成若干小的动作，一步一个脚印，逐步学习和掌握。采用多种方式，不仅亲身示范，还挂图辅助，如洗手的步骤：挽起衣袖—打开水龙头—打湿小手—抹上肥皂—放下肥皂—两只手搓洗，呈现泡沫—洗手心，洗手背—用水冲洗—关掉水龙头—甩甩小手—毛巾擦干。如此一步一步地训练，直到孩子掌握洗手的技能。同样的方法也可以用在日常生活的自理能力训练之中，如独立如厕、独立进食、独立睡觉等。

2. 智力超常婴幼儿家庭养育指导的方法 在超常婴幼儿的养育中，家庭养育的作用更是异乎寻常，无法估量的。“美国天才发展中心”公布的研究成果表明：95%的天才儿童在将来的发展中并不总能把优势保持下去，他们的弱点使得他们的智商发展停滞，甚至下降。

因此，后天创设适合他们智力发展的环境就显得相当重要。其具体的家庭养育指导方法体现在以下几方面：

（1）指导家长善于发现和观察孩子的特长：正确地认识自己的孩子是养育好孩子的第一步。家长要善于在日常生活中观察和分析孩子的行为特点，了解孩子的特长。如果超常婴幼儿没有得到发现，就会失去相应的养育培养的机会，会阻碍孩子聪明才智的正常发展，相反，如果家长不善于发现和观察问题，缺乏对孩子行为的观察与分析能力，将不是超常发展的婴幼儿误认为是超常婴幼儿，则会出现“揠苗助长”的现象。超常婴幼儿是客观存在的，但不是每一个孩子都是“神童”和“天才”，超常发展的婴幼儿毕竟是少数。因此，家长更重要的是要在日常生活中了解孩子的兴趣，发展孩子的特长。国外一些研究者把儿童人才划分为三种类型：智能型、天才型和创造型。婴幼儿的兴趣、性格、气质在出生之后都表现出差异性，随着年龄的增长越来越明显。在生活中，家长要善于观察孩子，及时发现自己的孩子到底属于哪种类型的超常儿童，要注意发展其特长，千万不能根据自己的意愿强制孩子的发展。

（2）指导家长完善教养态度、观念及方式：家长在对婴幼儿教养的态度、观念、期望和养育方法上对孩子的影响是巨大的，但他们在家庭养育上存在着不少态度、观念和行为方式的误区和盲点，致使在养育的时候感到困难重重。例如，家长望子成龙望女成凤心切，过分宠爱，期望过高，不惜一切代价下大力气对孩子进行早期养育培养和智力开发，自觉不自觉地给孩子施加压力，甚至揠苗助长。婴幼儿的天性就是好奇、好玩、好动，过多地参加各种兴趣班，高强度、长时间地集中注意力，不但束缚了婴幼儿个性的发展，更

不利于他们的健康发展。此外，家长要注意对孩子的养育态度，不能采用逼迫、打骂、施威的方式对婴幼儿展开养育。

（3）指导家长抓住孩子的“关键期”进行养育：婴幼儿的成长不是简单地连续不断的量变过程，他们的成长道路就像是在攀登高山，经过不断的努力登上一个台阶，进入一个全新的世界。婴幼儿跨越每一个关键期，不仅能力上可以获得飞跃式的发展，但也会带来一些新的特殊问题，这些问题得到及时的解决，婴幼儿就可以更顺利地朝前走；家长如果把问题遗留下来，它们就会成为孩子发展的绊脚石，甚至会影响到孩子的进一步成长。

呵护孩子的天性，寻找孩子身上的优势。《三字经》说“子不学，非所宜。”若一个孩子不愿学习，可能他就不适合学习，所幸他及早地认识到了自己安身立命之长并不在功课上面，我们应该高兴：没准儿这孩子天生就是一名企业家、军事家、政坛领袖。养育的根本在于张扬天性，顺应婴幼儿自然成长和发展的次序。一个宽松、自由的环境更能让孩子的天赋尽情施展，走向成功。养育孩子的第一个方法：一定要爱孩子，和孩子多沟通，多接触。这是无可替代的。怎么陪孩子？说起来简单，坚持做下去并不容易。

知识扩展8-1

家长在育儿中常常感到抓不住重点，吃、穿、玩、学、用，有那么多东西可以选择，有那么多事情需要做，有那么多书可以读，又有那么多不同的甚至相互矛盾的说法，究竟如何判断对错，又如何分出主次呢？理解了婴幼儿关键期的发展，掌握了关键期教养的方法和原则，就等于拿到了成功育儿的金钥匙，指导家长对超常婴幼儿的养育要量力而行，循序渐进，要根据孩子身心发展的客观规律，不能无限制地进行智力开发。孩子各种能力的发展都有关键期，要抓住关键期，因势利导，否则孩子潜在的才能就会被扼杀，同时提醒家长不要对婴幼儿养育小学化。

二、残疾婴幼儿家庭养育指导

“残疾婴幼儿”是指解剖结构、生理功能、心理和精神状态异常或丧失，日常生活自理能力、学习能力、社会适应能力部分或全部丧失的婴幼儿。残疾婴幼儿的家长要承受比普通儿童的家长更为巨大的心理压力、生理压力和经济压力，在对残疾婴幼儿的家庭养育上，他们较少采取积极有效的措施来解决实际问题。残疾婴幼儿家长要走出残疾婴幼儿家庭养育的误区，学习科学的特殊养育理论，用正确的方式、方法养育自己的孩子，树立正确的养育观念，使更多的残疾婴幼儿能够接受符合其身心特点的家庭养育，使其缺陷能够得到最大限度的补偿。

（一）残疾婴幼儿家庭养育面临的问题

1. 家长的家庭养育观念存在误区　很多残疾婴幼儿家长把孩子遇到的所有困难都归因

于残疾，从而过分地强调孩子对自己的依附，难以去认识孩子的特点和发展规律，更难以给予孩子应有的地位。在养育观上，大多数残疾婴幼儿家长认为养育无用。家长们过分夸大孩子的缺陷，认为即使对孩子进行养育也是于事无补，孩子的现状也不可能得到改变，因此，只需要关注孩子最基本的生活和安全就可以了。于是，孩子被迫处于放任自流的处境。有的家长谈到，有时候不论如何用心教、耐心问，孩子也不见起色。因此很多残疾婴幼儿的家长在经历多次的否定后，认为孩子不可能成才，于是悲观失望。在亲子观上，家长因孩子的残疾问题容易产生强烈的失落感，在此失落感下，家长会产生一些错误的亲子观。例如，认为孩子只是自己的附庸，把孩子当成是自己的私有财产，害怕别人知道家有残疾儿童，于是让孩子待在家里，不与外界接触，更难以带他们出去感知丰富多彩的世界；或认为孩子是厄运之始，将自己所有不顺之事都归因于孩子的残疾，认为孩子应该为此负责；或认为自己有愧于孩子，觉得是自己给孩子带来了苦难而常常陷于自责当中。

2. 家长的家庭养育态度、方式和方法存在误区 家长在对残疾婴幼儿的养育态度上不重视，表示“嫌弃”，认为是麻烦，因此对于残疾婴幼儿的方式一方面很粗暴，一方面很冷漠，缺乏有效的正确的家庭养育指导方法。首先，家长耐心不够。他们在对孩子的养育过程中往往表现出急躁的情绪，不能很好地体谅孩子的真实困难，导致在日常生活中经常不耐烦。其次，家长信心不足。他们认为孩子将来很难有出息，导致他们在养育孩子的过程中时常动摇正确的养育信念。甚至有的家长认为家有残疾婴幼儿无脸见人，导致孩子也觉得自己是社会的包袱、累赘。再者，家长爱心错位。家长对残疾孩子的爱心因强烈的内疚、负罪感而偏执，不能理智地关爱特殊孩子，而是溺爱、百般迁就，甚至是放任不管。

（二）残疾婴幼儿家庭养育指导方法

残疾婴幼儿从出生开始，就经历着比常人更多的痛苦和艰难。家庭是残疾婴幼儿最早置身的环境，家长是残疾婴幼儿最初的教师，残疾婴幼儿的养育必须从家庭开始，为残疾婴幼儿搭桥的第一人只能是家长，家庭养育在塑造残疾婴幼儿性格中起着举足轻重的作用。

1. 指导家长树立正确的家庭养育观念 家长要尊重孩子的基本权益，不要因为孩子的缺陷而将他们限制于封闭的家庭环境之内，不要过度保护孩子，要一起协助孩子走出自我封闭的圈子，走向社会，让他们享有与同龄人相同的一切基本权益。

指导家长树立正确的养育观。残疾婴幼儿也有自己发展的潜能，通过养育也能促进其潜能得到发展。尽管家长的素质良莠不齐，但对自己孩子的了解有着绝对的发言权。同时，家长对孩子潜移默化的影响也是教师所无法替代的，家长对孩子的未来既有设想，又不能有幻想，应根据时代发展的需要以及残疾婴幼儿自身存在的潜力来适当地调整自己的养育观念，把孩子培养成残而不废的人。

指导家长树立正确的亲子观。残疾婴幼儿独特的养育需求对家长而言构成了特别的挑

战与冲击。在这种重大冲击下，与其说家长对残疾婴幼儿是漠不关心，还不如说他们是力不从心，无所适从。在教养过程中经历的多次挫折会使家长的教养方式负面发展，而这种负面的教养方式又会给特殊儿童带来消极的负面的影响。家长应调整自己的心理状态，减轻自卑感、恐惧感和内疚感，并纠正由此引发的一些不当的亲子观。

2. 指导家长掌握科学的家庭养育指导技巧 以家庭为本位训练孩子的生活自理能力，对残疾婴幼儿而言，其重心、目标仍是以生活自理为主。在生活自理方面的能力，如饮食、如厕、衣着、个人卫生等，一般都在家庭生活中反映出来，也比较适合以家庭为本位进行训练。家长要从孩子的实际需要出发，不要过于低估残疾婴幼儿的自理能力，要放手让他们做力所能及的事情，让他们在尝试错误中获得新的生活技能，将对孩子的支持降到最低。同时，训练的方法要尽量活动化，可采取做游戏、讲故事、唱儿歌等方式，让残疾婴幼儿在轻松、自由、愉悦的环境中体验，从而获得生活技能。

指导家长提高综合素养，母亲是孩子的第一任老师，母亲的养育会对孩子的生活习惯、学习态度的养成及一生的发展产生深远的影响，因此，应为残疾婴幼儿母亲开辟多元培训途径，全面提升母亲的素养，营造良好的家庭养育氛围，努力使残疾婴幼儿的个性和各方面才能都能在其天赋允许的范围内得到尽可能充分的发挥。

指导家长重视残疾婴幼儿的心理养育。对于残疾孩子，很多家长只重视其身体健康，不太重视其心理健康，导致他们身体强壮却性格懦弱。如果心理不得到及时的疏导，孩子就会变得孤僻、自闭、悲观厌世。残疾婴幼儿心灵更脆弱，更敏感，他们渴望别人能够尊重自己、理解自己、保护自己，所以家长作为最亲密的人，必须倾注更多的关爱。父母应尊重、亲近孩子，多给予平等参加家庭生活的权利和机会。家长应该适时多鼓励孩子，多跟孩子交流谈心，和他们一起分享成长的快乐与痛苦。家长应为孩子营造互助、快乐、和谐的家庭氛围，在孩子面前，家长对待事情要保持不惧艰难、乐观的心态，给孩子树立榜样。在残疾婴幼儿的成长中，身体力行地去做比一味地说教更能教化孩子，引导孩子健康地成长。润物无声，春风化雨，残疾的孩子是不幸的，而帮助残疾婴幼儿走向幸福的最关键的人物就是家长。

3. 指导家长参与专门的社会支持团体 残疾婴幼儿的家长是对社会支持系统要求最强烈的一个群体，他们总是希望在社会的支持下，他们的孩子能接受最适合的养育。但是全部依靠社会并不能满足对残疾婴幼儿养育的所有需求，家长应依靠自己的力量组成专门团体，并力图将个人问题转化成社会所关切的议题，以便改进现有的服务设施，促使残疾婴幼儿的特殊需求得到适当的满足。在团体中，残疾婴幼儿家长除了代表一股有效的推动力量外，他们彼此间还可以互诉心情，交流经验，获得感情的共鸣，借以化解家长的心理压力。在相互交流中，家长们可以倾诉苦恼，互相提供资讯，以便充分地利用社会上的医疗、就业、养育及福利服务，并有助于特殊需要婴幼儿家庭养育整体素质的提高，唤醒社会大众对残疾婴幼儿家庭养育的关注。

三、多动行为婴幼儿家庭养育指导

（一）多动行为婴幼儿家庭养育面临的问题

1. 家长顺其自然，孩子被乱“贴标签” 顺其自然的心态，让家长认为孩子有病就要看医生，要坚持服药，如果连医生开的药都没办法治疗孩子的多动行为，那孩子就没必要再进行治疗了，还不如顺其自然，也许随着年龄的增长，孩子的多动行为会自然消失。家长对孩子的多动行为与多动症无法鉴别，难以区分。多数家长认为孩子的多动只是调皮的表现，长大了这种多动的表现自然就消失了。此外，一些家长毫不避讳地在公开场所说自己的孩子有心理问题，需要医生给予治疗等，这是一种典型的贴标签效应，孩子就被家长无形地贴上了“我与他人不一样”的标签，是不正常的人，这样一来，孩子就为各种不良的行为找借口，反而不利于孩子向积极的行为转变。

2. 亲子养育的“阴阳失调”，缺乏互动技巧 有多动行为的婴幼儿的家庭亲密度、情感表达等较正常婴幼儿家庭低，而家庭矛盾性高。研究发现，在多动行为婴幼儿的亲子养育中，存在母亲或其他抚养者与孩子交流互动的时间多，而父亲与孩子交流互动的机会少，这样一种“阴阳失调”的现象。究其原因客观上与家庭中社会角色的划分相关，与孩子父母从事的工作性质相关，但是无论如何，对于孩子的养育问题，父母双方都应该给予充分的关爱、关注和尊重，这样孩子才能得到爱的需要与社会发展需要的满足。此外，在家庭之中，家长与孩子进行交流互动的技巧也缺乏。只是单一的语言管教和命令式地阻止孩子“不要这样做”“不要那样做”，并不能达到管教的目的。家长要尊重孩子，用孩子特有的语言交流方式与其交流和沟通，倾听孩子内心的声音，具体引导孩子如何改变自己，以此真正地走进孩子的内心，与孩子进行顺畅的交流和互动。

3. 家长缺乏对多动行为婴幼儿的养育与干预技巧 在日常生活中，家长缺乏对多动行为的了解，因此，当婴幼儿出现冲动、多动、注意力不集中的现象时，并没有引起足够的重视。由于家长缺乏相应的专业知识，对孩子缺乏相应的养育技巧和干预方法，许多家长存在单纯依靠药物治疗或者顺其自然的观点，家长的观念状态需要调整，为孩子的治疗做准备。

（二）多动行为婴幼儿家庭养育指导方法

1. 指导家长关心体贴婴幼儿，避免“贴标签效应” 指导家长关心和体贴孩子，家长要明白有多动行为的婴幼儿和其他孩子一样需要关心和体贴。不能误认为孩子的临床特征就是多动、冲动和注意力不集中，就不重视，更不能因为孩子有哪些不受欢迎的行为而责骂孩子。如果家长采用粗暴的态度，一味责打孩子，则有可能产生一些问题，严重的会导

致孩子在行为、情绪等方面出现障碍。内向的孩子容易自卑、自伤，外向的则很有可能脾气暴躁，甚至出现品行问题。

指导家长要学会避免产生“贴标签效应”。家长尤其注意不要表现出对多动行为婴幼儿的“嫌弃”与“厌烦”。有些家长生气时口无遮拦，在公共场所与别人交谈时倾诉自己孩子的心理问题。这样会让孩子认为自己是一个不受人喜欢的人，认为自己是多余的，孩子的内心及自尊会受到严重的创伤。因此，家长应该从孩子的角度出发，结合婴幼儿身心发展的特点，进行适当的心理辅导训练。家长在言语和行为方面都不要暗示孩子是“问题儿童”，而要从关心的角度，耐心地沟通、疏导，以表扬、鼓励为主，分散其注意力，驱动其克制自我的能力，真正让孩子从多动状态中逐渐安静下来。

2. 增加亲子互动，增进家长与婴幼儿的亲密度 良好的亲子关系是对多动行为婴幼儿进行治疗的基础。无论是对于普通婴幼儿还是有一定心理障碍的婴幼儿，这都是不变的通用法则。应指导家长充满信心、耐心和爱心，增加与孩子的亲密关系，在情感上给予孩子克服症状的正能量。

指导家长耐心倾听婴幼儿的心声，给予他们充分表达的机会，让其自然放松，身心愉悦，感受来自家长的尊重和理解；指导家长多与孩子互动，增加与孩子身体接触的机会，多抱抱孩子。心理学实验表明，肌肤的接触有利于稳定孩子的情绪，让孩子感受到安全、温暖与关爱。

指导家长与婴幼儿进行亲子游戏互动。家长要尽可能地多花时间陪伴孩子，在亲子游戏中体验快乐，分享快乐时光，这是家长与孩子交流的最佳机会。亲子游戏不仅能够增进亲子感情，通过与孩子的亲密接触，还可以了解孩子的心理需求，当孩子表现不好的时候，要善于区分其行为的程度，不能一味责骂，要正面引导和鼓励。

3. 指导家长对多动行为婴幼儿进行家庭养育与干预 指导家长明确认知多动行为的临床特征，主要表现在注意力不集中，行为上的多动表现以及情绪上的冲动表现。多动行为是一种可以治疗、可以预防的疾病，关键是要早诊断、早预防、早治疗。因此，家长一方面要加强了解和认识婴幼儿的多动行为表现，另一方面，要积极配合相关治疗方案。对于轻度的多动行为患儿，可以指导家长综合采用养育、引导的方法纠正。但是对于中、重度多动行为，单纯用家庭辅导、心理养育等方法收效甚微，必须采用药物治疗。婴幼儿多动行为是一种复杂的、可引起多种问题的精神障碍。任何单一的治疗往往难以达到显著持久的效果，需要多方位的、全面的、综合的治疗，并根据婴幼儿的具体表现制订治疗方案。目前对于多动行为通常采取综合治疗，即药物控制、家庭辅导和心理咨询等相结合的手段。家长必须清楚地知道多动行为的治疗需要医生（包括心理医生）、家庭及学校相互配合进行药物的、养育的、心理的、环境的综合性治疗，这样患儿的治愈率可以达到85%～90%。当前用于养育和矫正婴幼儿多动行为方面的方法比较多，比较常用的是行为治疗、认知行为治疗、心理治疗和药物治疗。除此以外，还需要指导家长针对多动行为婴幼儿的特点采用释放精力、环境控制、饮食辅助等治疗方法予以辅助。

讨论与思考

1.请结合现状说明指导重组家庭婴幼儿家庭养育的注意事项。

2.如何指导家长开展留守婴幼儿家庭养育，具体的方法和方法有哪些?

3.试述多动行为婴幼儿的临床表现有哪些?说出家庭养育指导的具体方法。

4.残疾婴幼儿的行为特点是什么?如何指导残疾婴幼儿家庭养育?

5.智力异常婴幼儿的行为表现有哪些?如何开展智力异常婴幼儿家庭养育指导?

扫码看本章PPT

（杨显国）

实践活动

实践活动一：婴幼儿家庭健康养育实训项目

明明出生10天了，明明的妈妈想知道这么小的孩子，要进行怎样的体格锻炼才能让他健康成长呢？

一、实验实训指导

（一）实验目的和要求

1.熟悉婴幼儿各个阶段保健护理的特点。

2.掌握新生儿温水浴、按摩、游泳、日光浴、空气浴的方法。

（二）注意事项

1.指导家长过程中条理性好、能抓住重点。

2.围绕婴幼儿具体年龄阶段指导。

3.指导语言恰当。

（三）实验实训操作流程

演示温水浴、按摩、游泳日光浴、空气浴的具体过程，在演示过程中要给家长讲解指导。

二、考核评分标准

新生儿体格锻炼

项目	项目总分	操作要求	得分
职业素养	10	耐心倾听家长阐述养育方面的问题，指导过程关爱婴幼儿，能细心观察到家长养育过程中出现的问题，并予以纠正	
指导过程	60	新生儿虽小，但也需要一些适合他这时期的锻炼，现代科学主张在出生第一周可先观察新生儿的适应能力，第二周则可以进行锻炼，新生儿可进行如下的锻炼。（5分） （1）温水浴 每天在规定的时间内给新生儿洗澡，使他的皮肤接触微温的水（水温与体温相同），洗澡后可用毛巾擦干身体，轻柔的摩擦，使他感到舒适和愉快。（10分） （2）按摩 按摩能使新生儿加强血液循环，目前国外积极主张对婴儿施行按摩，认为这种全身按摩可以刺激婴儿各个器官发育，促进身心健康。 [按摩手臂] 成人让新生儿仰卧，用双手从新生儿的肩部往下按摩到手腕。（10分） [按摩腿部] 成人用右手轻轻握住新生儿左脚，用左手从内向外，从上往下轻轻地按摩左侧大腿到小腿。然后以同样方法左手握住右脚，以右手按摩右侧的腿部。（10分） [按摩胸腹部] 新生儿仰卧在床上，成人用双手掌按顺时针方向按摩新生儿腹部，随后再从腹部中心向胸部，两肋方向按摩。（10分） [按摩背部] 新生儿俯卧在床上（注意口鼻窒息），成人用双手顺他的脊椎骨从头颈部位往臀部按摩，然后再从臀部沿脊椎骨往上按摩到头颈部。（10分） 新生儿离开母体后就开始了自然的锻炼，从温暖的子宫到出生后接触低温而干燥的生活环境及冷空气的刺激，并在一声啼哭中进行了呼吸运动。其后的一个月就经常依靠连续的啼哭进行呼吸运动来促使肺部增加活动量，这种锻炼也是新生儿的“肺部体操”（5分）	

2~12个月婴儿体格锻炼

项目	项目总分	操作要求	得分
职业素养	10	耐心倾听家长阐述养育方面的问题，指导过程关爱婴幼儿，能细心观察到家长养育过程中出现的问题，并予以纠正。	
指导过程	20	（1）日光浴 日光锻炼的方法，主要是在锻炼之前，宜作一次健康检查。（5分） 锻炼时间最好是在上午9～12点，下午3～6点。气温以20～24° 为宜。开始锻炼不超过3分钟，1～3岁以后可逐渐延长到10～15分钟，3岁以上可锻炼30分钟。在锻炼时，胸背两面交替进行，但必须避免太阳光直射，头戴上白布帽或草帽。（5分） （2）空气浴 婴儿通过户外活动和锻炼以后，可以逐步训练开窗睡眠（先开小气窗，逐渐开一扇窗户），利用冷空气的锻炼，增强体温调节功能。（5分） 户外睡眠就是白天在院子里睡觉，在天气温暖的季节里，婴儿满月后就可以开始。睡眠时间和次数要逐渐增加，如果已有开窗睡觉的习惯，第一次在户外睡眠，即上、下午各一次。各季户外睡眠的时间是上午8～12点，下午1～3点。把婴儿抱到户外去之前，应将他们包裹得温暖舒适，脸上擦油防止干裂，鼻子的呼吸要通畅。放到户外的床上后应将被子盖好，被子的厚薄可根据气温的高低而定。户外睡眠的被褥要与婴儿同时抱出去。在睡眠过程中要有成人照顾，随时注意他们睡觉情况和气温变化，训练婴儿从小养成户外睡眠的习惯，可以从夏天开始，渐渐转入冬季，最好先养成开窗睡眠的习惯，然后移至户外，绝不能在冬季里突然采用这种方法（5分）	

实践活动二：婴幼儿家庭亲子动作游戏实训项目

请指导10个月的小艾家长，进行适合小艾的亲子游戏。

一、实验实训指导

（一）实验目的和要求

1.熟悉婴幼儿各个阶段动作发展的特点。

2.掌握婴幼儿具体年龄阶段游戏的方法。

（二）注意事项

1.指导家长过程中条理性好、能抓住重点。

2.围绕婴幼儿具体年龄阶段指导。

3.指导语言恰当。

（三）实验实训操作流程

演示具体年龄游戏的具体过程，在演示过程中要给家长讲解指导。

二、考核评分标准

4个月婴儿运动游戏

项目	项目总分	操作要求	得分
职业素养	10	耐心倾听家长阐述亲子游戏方面的问题，指导过程关爱婴幼儿，能细心观察到家长操作过程中出现的问题，并予以纠正	
指导过程	60	［名称］跳舞 ［目的］培养婴儿四肢运动能力，促进肢体协调发展。 ［方法］婴儿仰卧床上，脚踝、手腕带上小铃铛，家长双手握住婴儿双手摇动，然后再双手轻握婴儿脚踝摇动。在摇动时，铃声和动作刺激会使婴儿高兴得自己摆动或屈伸小腿。 ［注意］ （1）在左手摆动中可使婴儿右腿屈膝摆动，右手摆动时左腿亦随之运动。 （2）动作要柔和协调。 （3）所选择的铃铛重量及响声适宜	

续表

项目	项目总分	操作要求	得分
职业素养	10	耐心倾听家长阐述亲子游戏方面的问题，指导过程关爱婴幼儿，能细心观察到家长操作过程中出现的问题，并予以纠正	
指导过程	20	[名称]婴儿体操 [目的]培养婴儿四肢运动能力，促进肢体协调发展。 [方法]第一节　扩胸运动 预备姿势：成人两手握住婴儿两手的腕部，让婴儿握住成人拇指，两臂放于身体两侧。 [动作]第①拍，将双手向外平展与身体呈90°，掌心向上；第②拍，两臂向胸前交叉，重复共2个8拍。 [注意]两臂平展时可帮助婴儿稍用力，两臂胸前交叉动作应轻柔些。 第二节　上肢伸屈运动 预备姿势：同第一节。 [动作]第①拍，将左臂肘关节前屈；第②拍，将左肘关节伸直还原；第③、④拍，换右手屈伸肘关节重复共2个8拍。 [注意]屈肘关节时手触婴儿肩，伸直时不要太用力。 第三节　肩关节运动 预备姿势：同第一节。 [动作]第①②③拍，将左臂弯曲贴近身体，以肩关节为中心，由内向外做回环动作，第④拍还原；第⑤~⑧拍换右手，动作相同，重复共2个8拍。 [注意]动作必须轻柔，切不可用力拉婴儿两臂勉强做动作，以免损伤关节及韧带。 第四节　上肢伸展运动 预备姿势：同第一节。 [动作]第①拍，两臂向外平展，掌心向上；第②拍，两臂向胸前交叉；第③拍，两臂上举过头，掌心向上；第④拍，动作还原。重复共2个8拍。 [注意]两臂上举时两臂与肩同宽，动作轻柔	

5~6个月婴儿运动游戏

项目	项目总分	操作要求	得分
指导过程	20	第五节　下肢伸展踝关节运动 预备姿势：婴儿仰卧。 ［动作］成人左手抓住婴儿的左踝部，右手握住向下伸展踝关节。连续做2个8拍，后8拍换右足，做伸展右踝关节动作。 ［注意］伸展时动作要求自然，切忌用力过猛。 第六节　下肢两腿轮流伸屈 预备姿势：成人两手分别握住婴儿两膝关节下部。 ［动作］第①拍，屈婴儿左膝关节，使膝缩近腹部；第②拍，伸直左腿；第③、④拍屈右膝关节，再左右轮流，模仿蹬车动作，重复共2个8拍。 ［注意］屈膝时稍帮助婴儿用力，伸直时动作放松。 第七节　下肢伸直上举运动 预备姿势：两下肢伸直平放，成人两掌心向下，握住婴儿两膝关节。 ［动作］第①、②拍，将两下肢伸直上举90°；第③、④拍还原，重复共2个8拍。 ［注意］两下肢伸直上举时，臀部不离开桌（床）面，动作轻缓。 第八节　下肢转体运动 预备姿势：婴儿仰卧并腿，两臂屈曲放胸前，成人左手扶胸腹部，右手垫于背部。 ［动作］第①、②拍，轻轻地将婴儿从仰卧转为左侧卧；第③④拍还原；第⑤~⑧拍，成人换手将婴儿仰卧转为右侧卧，后还原。重复共2个8拍。4个月以后的婴儿，可由侧卧位再转到俯卧位，再由俯卧转到仰卧位。 ［注意］俯卧时婴儿的两臂自然地放在胸前，使头抬高。 做婴儿被动体操注意事项： •根据月龄及体质循序渐进，每日坚持，持之以恒，从第2个月开始共做4节，选做上肢运动2节，下肢运动2节，第3个月增至8节。 •做操前应注意室温，冬季室温要保持在18℃，将婴儿放在床上或铺有平绒毯的桌上，脱去鞋子，换好尿布或将尿布拿掉，使婴儿仰卧，站在婴儿的足端，随音乐节奏给婴儿做操。 •动作要轻柔，边做边逗引，使婴儿情绪愉快。做操时间应在喂奶前半小时，每次3~5分钟为宜	

7~12个月婴儿运动游戏

项目	项目总分	操作要求	得分
职业素养	10	耐心倾听家长阐述亲子游戏方面的问题，指导过程关爱婴幼儿，能细心观察到家长操作过程中出现的问题，并予以纠正	
指导过程	20	[名称] 主动体操 [目的] 培养婴儿四肢运动能力，促进肢体协调发展。 [方法] 第一节　起坐运动 预备姿势：婴儿仰卧，成人双手握住婴儿双手，或右手握住婴儿左手，左手按住婴儿双膝。 [动作] 第①、②拍，牵引婴儿从仰卧位起坐；第③、④拍还原，重复共2个8拍。 [注意] 拉起婴儿起坐时，如果婴儿不配合就不能过于强迫。 第二节　起立运动 预备姿势：婴儿俯卧，成人双手托住婴儿双臂或手腕。 [动作] 第①、②拍牵引婴儿由俯卧到跪直、起立，或直接站起；第③、④拍还原。重复共2个8拍。 [注意] 扶婴儿站起来要逐步让他（她）自己用力。 第三节　提腿运动 预备姿势：婴儿俯卧，两手放在胸前，两前臂支撑身体，成人双手握住其两足踝部。 [动作] 第①、②拍轻轻抬起婴儿双腿，约30°；第③、④拍还原。重复共2个8拍。 [注意] 动作轻柔缓和，不要过猛。 第四节　弯腰运动 预备姿势：婴儿与成人同一方向直立，成人左手扶住婴儿两膝，右手扶住婴儿腹部，在婴儿前方放一玩具。 [动作] 第①、②拍让婴儿弯腰前倾，拣起桌上玩具；第③、④拍直立还原。重复共2个8拍。 [注意] 让婴儿自己用力前倾和直立，如不能直立，成人可将左手移到婴儿胸部，帮助婴儿完成动作	

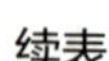
续表

项目	项目总分	操作要求	得分
指导过程	20	预备姿势：婴儿与成人同一方向直立，成人左手扶住婴儿两膝，右手扶住婴儿腹部，在婴儿前方放一玩具。 ［动作］第①、②拍让婴儿弯腰前倾，拣起桌上玩具；第③、④拍直立还原。重复共2个8拍。 ［注意］让婴儿自己用力前倾和直立，如不能直立，成人可将左手移到婴儿胸部，帮助婴儿完成动作。 第五节　挺胸运动 预备姿势：婴儿俯卧，两手向前伸出，成人双手托住婴儿肩臂。 ［动作］第①、②拍轻轻地使婴儿上体抬起并挺胸，腹部不离开桌面；第③、④拍还原，重复共2个8拍。 ［注意］动作缓和，在挺胸、挺腰时可稍用力。 第六节　游泳运动 预备姿势：婴儿俯卧，成人双手托住婴儿胸腹部。 ［动作］第①～④拍托起婴儿悬空俯卧，向前摆动，第⑤～⑧拍向后摆动，重复数次，婴儿会出现四肢活动似游泳动作。 ［注意］要托住婴儿，注意安全，开始时向前摆动1～2次，婴儿适应后可增加次数。 第七节　跳跃运动 预备姿势：婴儿与成人对面站立，成人双手扶托婴儿腋下。 ［动作］第①、②拍扶托起婴儿使其足离开床或桌面，同时说“跳、跳”，做跳跃动作，以足前掌接触床或桌面为宜。重复共2个8拍。 ［注意］动作要轻快自然，让婴儿的脚尖着地	
指导过程	20	第八节　扶走运动 预备姿势：婴儿站立，成人弯腰或蹲在他背后，两手扶婴儿腋下；或成人在婴儿前面，两手扶住婴儿前臂或手腕。 ［动作］第①、②拍扶婴儿使其左右腿轮流跨出，学开步行走。重复共2个8拍。 ［注意］场地要清洁平坦，让婴儿站稳后再鼓励开步学走。 进行主动和被动操时应注意以下几点： •空腹时进行，时间安排在上、下午各1次； •开始做操时先由成人教会婴儿动作，让婴儿随成人的动作而活动，待婴儿熟练动作后让婴儿主动做，成人随节拍帮助婴儿做。 •做操的时间为5分钟左右，但不能硬性规定，还要根据婴儿自己主动动作的快慢而定	

实践活动三：婴幼儿家庭亲子认知游戏实训项目

请指导8个月朗朗的家长，进行适合朗朗年龄阶段的认知游戏。

一、实验实训指导

（一）实验目的和要求

1.熟悉婴幼儿认知发展的整体特点。

2.掌握婴幼儿家庭认知养育的任务。

3.掌握婴幼儿家庭认知养育的方法。

4.掌握常见认知游戏的方法。

5.创造环境使宝宝开始感受爱、信任、尊重，促进宝宝认识世界；训练宝宝触觉、听觉、视觉、味觉的感应；稳定宝宝情绪；培养观察力、注意力、倾听能力；激发好奇心和探索欲。

（二）注意事项

1.指导家长过程中逻辑清晰、条理分明、重点突出。

2.围绕婴幼儿具体年龄阶段指导。

3.指导语言恰当。

（三）实验实训操作流程

演示常见认知游戏的具体过程，在演示过程中要给家长讲解指导。

二、考核评分标准

0～6个月婴幼儿认知游戏

项目	项目总分	操作要求	得分
职业素养	10	耐心倾听家长阐述养育方面的问题，指导过程关爱婴幼儿，能细心观察到家长养育过程中出现的问题，并予以纠正	

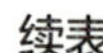
续表

项目	项目总分	操作要求	得分
指导过程	20	（1）母婴眼神贯注法。适宜月龄：0~3个月 宝宝觉醒状态时（也可以在哺乳前或哺乳后），母亲先打招呼呼唤宝宝的名字，母亲与宝宝眼和眼的最佳距离为20cm，母亲一边说话，一边慢慢移动面部，宝宝的眼球和头随着母亲转动。母婴相见，互相注视，互相模仿，即“最早的母婴贯注”，这种父母与宝宝眼对眼相互注视是宝宝与成人相互交往的开始。时间长短不限。（5分） （2）铃儿响叮当。适宜月龄：0~3个月 家长准备可发出柔和声音的摇铃一个。方法一：在宝宝觉醒状态时，跟宝宝打招呼：“宝宝（名字），你好！我们玩摇铃游戏喽！”将宝宝半卧式放在膝上，在宝宝头部一侧轻轻摇铃，清脆的铃声引起宝宝听和看的兴趣，让宝宝随着铃声转动头部和眼睛，寻找铃声方向，宝宝会手舞足蹈起来。每次训练8~10分钟，一天数次。宝宝对视听刺激无反应时，应暂停训练，待其对刺激有反应后再训练。方法二：新生宝宝觉醒状态，妈妈在宝宝耳边距离10厘米左右，轻声呼唤宝宝的名字，宝宝听到妈妈的声音会转过头来。伴随妈妈亲密温馨的话语“宝宝（名字），妈妈爱你哦！”调动宝宝的母语感受能力。时间不限，配合宝宝作息时间进行训练。（10分） （3）黑白图。适宜月龄：4个月及以上 家长准备黑白图片若干，在宝宝情绪稳定时。家长出示黑白图片，并对宝宝说：“宝宝，看看这是什么呀？”引起宝宝注意。家长拿出黑白图片在离宝宝眼睛20~30厘米处，让宝宝观看。当宝宝注视图片后，慢慢地将黑白图片左右移动，让宝宝的目光追随图片。宝宝能够眼睛随着图片左右动后，将图片递到宝宝手中以示鼓励。 提示：每次时间不宜过长，2~3分钟内为宜（5分）	

6～12个月婴幼儿认知游戏

项目	项目总分	操作要求	得分
职业素养	10	耐心倾听家长阐述养育方面的问题，指导过程关爱婴幼儿，能细心观察到家长养育过程中出现的问题，并予以纠正	
指导过程	20	（1）小球滚过去。适宜月龄：6个月及以上 家长准备颜色鲜艳的球大号、中号、小号各一个；地垫一个。家长让宝宝独坐好，家长将最大的球从地垫一端滚到另一端，让宝宝眼睛追随球动。再依次拿出中号、小号的球重复上述步骤。（5分） （2）学说话。适宜月龄：7～9个月 家长准备教具娃娃一个，家长出示教具娃娃同宝宝们打招呼："宝宝们你们好，我是贝贝，我们一起来玩游戏吧！" 家长坐好，将娃娃放在自己膝盖上，双手托住娃娃的腋下，有节奏地念儿歌，脚后跟随之做抬起、放下的动作，让娃娃上下晃动起来，引导宝宝看着家长的嘴巴。家长抱宝宝面向外再进行一次游戏。提示：家长可以和宝宝在家里"学说话"哦！注意口型可以夸张一些。（5分） 附：儿歌《学说话》 小猫睡觉醒来了：喵　喵　喵。 小狗睡觉醒来了：汪　汪　汪。 宝宝睡觉醒来了：啊　啊　啊。 大家一起学说话：你　好　吗？ （3）指认五官。适宜月龄：10～12个月 家长准备镜子、教具娃娃，家长出示镜子："宝宝看一看这是什么？它是镜子，我们能在镜子里看到什么呢？"家长将镜子放在自己的面前，让自己的脸从镜子里露出来。家长对着镜子指着自己的鼻子，告诉宝宝们这是鼻子。家长将宝宝抱在怀里，把镜子放在宝宝的面前，让宝宝的脸从镜子里显露出来。家长指着宝宝的鼻子，让宝宝从镜子中看到，并告诉宝宝："这是鼻子。"（10分） 附：儿歌 "眼睛在哪里？眼睛在这里，用手指出来，宝宝真可爱。" （儿歌内的眼睛可换作其他五官）	

13～18个月婴幼儿认知游戏

项目	项目总分	操作要求	得分
职业素养	10	耐心倾听家长阐述养育方面的问题，指导过程关爱婴幼儿，能细心观察到家长养育过程中出现的问题，并予以纠正	
指导过程	30	（1）认识水果。适宜月龄：13～15个月 准备大纸箱、各种水果若干。情境引入："老师今天带来了一个百宝箱，宝宝想知道里面有什么吗？"教师示范，从箱内摸出水果，请宝宝来闻一闻、摸一摸，家长介绍水果的名称、形状和颜色。家长切开水果，和宝宝一起品尝并说出水果的味道。家长引导宝宝参与游戏。（10分） （2）手心里有什么。适宜月龄：13～15个月 准备可以握在手中的小玩具若干，家长出示事先准备好的小玩具，"宝宝，看看这里有什么啊？"引导宝宝观察并说出。家长将玩具藏在一只手中，然后将双手握拳放到背后，伸出双拳，让宝宝猜一猜玩具在哪只手中。家长打开双拳让宝宝看一看是否猜对了。（10分） （3）看书。适宜月龄：16～18个月 准备适龄的书籍，家长出示图书，引起宝宝兴趣："宝宝，我们来看书讲故事吧！"家长和宝宝一起坐下来看书，可让宝宝指出书中有什么。可重复阅读（10分）	

19～24个月婴幼儿认知游戏

项目	项目总分	操作要求	得分
职业素养	10	耐心倾听家长阐述养育方面的问题，指导过程关爱婴幼儿，能细心观察到家长养育过程中出现的问题，并予以纠正	
指导过程	30	（1）大大小小。适宜月龄：19～21个月 准备大小不同的衣服若干。家长拿出事先准备好的大衣服和小衣服，引导宝宝说出名称。提问："哪件衣服大？""哪件衣服小？"请宝宝观察后指出。教宝宝说："大衣服给妈妈穿，小衣服给宝宝穿。"提示：可用同样的方法，换物品进行游戏。（5分） （2）形状踩踩踩。适宜月龄：19～21个月 准备报纸若干，家长出示报纸，并对宝宝说："我们今天用报纸来玩游戏吧！"家长和宝宝一起将报纸撕成圆形、方形、三角形。将撕好的形状放在地板上，家长说出形状名称，宝宝踩到相应的形状上，引导宝宝说出各图形的名称（10分）	

续表

项目	项目总分	操作要求	得分
指导过程	30	（3）分豆豆。适宜月龄：22～24个月 事先准备好颜色、大小差别大一些的两种豆子，如：芸豆和红豆。家长将两种豆子拿给宝宝观察，并教宝宝认识。家长将豆子倒入一个碗中，让宝宝将豆子进行分类。待宝宝熟练游戏后，家长可再换两种豆子让宝宝操作游戏。 提示：玩的时候不要把豆子弄进嘴巴里了哦！（10分） （4）颜色找朋友。适宜月龄：22～24个月 准备红、黄、蓝三种颜色的玩具若干。家长拿出玩具，引起宝宝兴趣。家长将相同颜色的玩具放在一起，同时说出玩具的颜色。家长带宝宝一起游戏，边玩边引导宝宝自己说出玩具的颜色（5分）	

25～30个月婴幼儿认知游戏

项目	项目总分	操作要求	得分
职业素养	10	耐心倾听家长阐述养育方面的问题，指导过程关爱婴幼儿，能细心观察到家长养育过程中出现的问题，并予以纠正	
指导过程	30	（1）酸甜苦辣。适宜月龄：25～27个月 准备柠檬、火龙果、苦瓜、辣椒酱（或其他酸甜苦辣的食物）和盘子。家长拿出准备好的四种食物，引导宝宝观察认识。给宝宝分别品尝四种食物，并引导宝宝说说它是什么味道的？吃了什么感觉？最喜欢哪种味道？（5分） （2）摸一摸。告诉我：适宜月龄：25～27个月 准备枕头套；遥控器、笔、护手霜、杯子等家中常见物品。家长拿出事先准备好的物品，提问：“宝宝，你看这里有些什么东西啊？”和宝宝一起观察，引导宝宝说出有哪些物品。“现在，我们一起来玩个游戏吧！先把它们都藏起来！”家长拿出枕头套，和宝宝一起将所有物品全部装入枕套中。让宝宝隔着枕套摸一摸。摸到什么了？试着说出摸到物品的名称。取出来看一看，宝宝说的对不对啊？（10分） （3）尝一尝，说一说。适宜月龄：28～30个月 准备面包、饼干、苹果、桃子等生活中常见且宝宝吃过的食物。家长拿出事先准备好的食物：“宝宝，我们来品尝美味的点心和水果吧！”“看看都有些什么？”引导宝宝观察并说出食物的名称。“它们是什么味道的呢？”引导宝宝回忆，然后说出每种食物的味道。“我们玩一个游戏，把眼睛蒙起来尝尝它们，看宝宝说的对不对，好吗？”家长蒙住宝宝眼睛，让宝宝逐一品尝并说出食物的名称。（10分） （4）纸片拼图。适宜月龄：28～30个月 准备彩色杂志，家长拿出事先准备好的杂志彩页，和宝宝一起观看，提问并鼓励宝宝说出画上有些什么图案？有什么颜色？将彩页撕成4份，家长引导宝宝一起将碎片拼接还原。宝宝理解游戏玩法后，将彩页顺序打乱，鼓励宝宝仔细观察，并试着独立完成拼图。可逐步增加游戏难度，将杂志撕成6份或者8份，让宝宝进行拼图游戏（5分）	

31～36个月婴幼儿认知游戏

项目	项目总分	操作要求	得分
职业素养	10	耐心倾听家长阐述养育方面的问题，指导过程关爱婴幼儿，能细心观察到家长养育过程中出现的问题，并予以纠正	
指导过程	30	（1）小喇叭。适宜月龄：31～33个月 准备挂历纸，家长拿出挂历纸，引起宝宝兴趣：“我们来做一个可以让声音变大的小喇叭吧！”家长示范：将一张挂历纸卷起来，做成一个喇叭的形状。和宝宝一起做喇叭，然后用小喇叭说话、唱歌，听听声音有什么变化。（5分） （2）米豆听声。适宜月龄：31～33个月 准备空瓶子；米、黄豆。家长拿出分别装有米和豆子的两个瓶子，让宝宝观察并说出两个瓶子的区别。家长依次摇动两个瓶子发出声音，引导宝宝说出两个瓶子发出的声音有什么不同？请宝宝用手遮住眼睛，家长摇动瓶子，宝宝根据听到的声音说出瓶内装的是什么？把手拿开，看看说对了吗？（10分） （3）蔬果宝宝。适宜月龄：34～36个月 准备水果、蔬菜模型若干；篮子；贴有水果、蔬菜字卡的整理箱。情境引入：“宝宝看看，老师的篮子里都有什么呢？你们知道它们哪些是水果哪些是蔬菜吗？”教师出示贴有水果和蔬菜字卡的整理箱，示范将水果和蔬菜进行分类。家长引导宝宝将水果蔬菜分类，教师从旁指导。 提示：带宝宝一起去逛菜场、超市吧！让宝宝认识更多的水果和蔬菜！（5分） （4）打电话。适宜月龄：34～36个月 准备：毛线、纸杯、牙签；将毛线穿进纸杯底部，并在杯里系上牙签固定，做成纸杯电话。 “叮铃铃，叮铃铃……电话响了！宝宝快来接电话呀！”家长拿出做好的纸杯电话，引起宝宝兴趣。 宝宝拿起纸杯放在耳朵上，家长对着纸杯轻声说话：“宝宝，宝宝，妈妈好喜欢你呀！你听到了吗？” 让宝宝也试着用纸杯讲电话吧！ 提示：讲电话过程中，要把毛线绷直（10分）	

实践活动四：婴幼儿家庭亲子语言游戏实训项目

16个月的小艾家长问，怎样才能让小艾早点说话，请指导家长进行适合小艾的语言游戏。

一、实验实训指导

（一）实验目的和要求

1.了解婴幼儿语言发展各阶段的特点。

2.掌握婴幼儿家庭语言养育的方法与任务。

3.掌握婴幼儿家庭语言养育指导的具体方法。

4.运用家庭语言养育指导的相关方法指导和分析婴幼儿的语言发展。

5.掌握常见语言游戏的方法。

（二）注意事项

1.指导家长过程中逻辑清晰、条理分明、重点突出。

2.围绕婴幼儿具体年龄阶段指导。

3.指导语言恰当。

（三）实验实训操作流程

演示常见认知游戏的具体过程，在演示过程中要给家长讲解指导。

二、考核评分标准

0～24个月婴幼儿亲子语言游戏

项目	项目总分	操作要求	得分
职业素养	10	耐心倾听家长阐述养育方面的问题，指导过程关爱婴幼儿，能细心观察到家长养育过程中出现的问题，并予以纠正	

续表

项目	项目总分	操作要求	得分
指导过程	20	（1）小老鼠上灯台。适宜月龄：4～6个月 宝宝觉醒状态或情绪愉悦时，准备儿歌《小老鼠上灯台》，家长抱着宝宝，用食指和中指模仿小老鼠的步伐在宝宝身上开始按摩。念儿歌“小老鼠，上灯台，偷油吃，下不来”，家长的食指和中指从宝宝腹部两侧开始走动，一直走到宝宝头顶停止“喵喵喵，猫来了”，家长用食指和中指指腹从宝宝鼻翼两侧轻轻划向耳根处。“叽里咕噜滚下来”，家长双手五指并拢从宝宝头顶轻划到宝宝的腹部。（5分） （2）拔萝卜。适宜月龄：13～15个月 准备儿歌《拔萝卜》，情境引入：“宝宝，小白兔家种了好多胡萝卜，我们去帮它拔萝卜吧！”家长带宝宝坐好。家长带宝宝一边念儿歌一边做动作。 附：儿歌《拔萝卜》 拔萝卜拔萝卜拔拔拔（双手握拳前后移动做拔的动作）；洗萝卜洗萝卜洗洗洗（双手掌心相对做前后搓洗的动作）；切萝卜切萝卜切切切（左手掌心向上，右手在左手上做切的动作），炒萝卜炒萝卜炒炒炒（左手掌心向上，右手在左手上做炒的动作）；吃萝卜吃萝卜吃吃吃（双手握拳放在嘴边做吃的动作）。（5分） （3）拉大锯。适宜月龄：16～18个月 准备儿歌，家长和宝宝面对面坐好。家长牵着宝宝的手，边念儿歌边跟着节奏前后拉动，游戏可重复进行。 附：儿歌《拉大锯》 拉大锯，扯大锯，姥姥家唱大戏； 接姑娘，请女婿，小外孙女你也去。（5分） （4）两个小拳头。适宜月龄：16～18个月 准备儿歌《两个小拳头》，家长两手握拳，边念儿歌边做动作，宝宝观察。“两个小拳头，上街去逛逛”，双手握拳头，手腕转动；“慢慢走慢慢走，快快走快快走”，双手握拳，在胸前时慢时快地搅动；“最后碰碰头”双手握拳，对碰；“最后碰碰头”双手握拳，碰自己头；“最后碰碰头”家长头碰宝宝头。家长带宝宝一起念儿歌做游戏。（5分）	

关于语言发展规律的补充：

从婴幼儿的语言发展来看，可以按时间顺序大致分成三个阶段：第一阶段是张口说话前，即“听”的阶段；第二阶段是张口说话后至可说完整的句子阶段；第三阶段是逻辑表达完善阶段。

第一阶段：主要让孩子多“听”，培养孩子对语言的兴趣。

这一点从孩子一出生就应开始，注意与他多交谈，而且要用大人的语言，尽量少用儿语化的词，如：车车、勺勺、瓶瓶等，多给孩子听音乐和幼儿故事。多听音乐和故事可以充分刺激孩子大脑听力和语言中枢的神经发育，为孩子张口说话做好准备。孩子会站立后，就让他自己开播放设备，这样他会对听故事更有兴趣。

第二阶段：主要培养孩子语言方面的自信，同时扩大孩子的词汇量。

首先要鼓励孩子张口，并且要非常认真地倾听，耐心地纠正孩子的发音，当孩子念对时马上给予表扬。注意不要故意重复孩子念错的音，这不仅会挫伤孩子的自信心，更主要的是又一次把错误读音传达给孩子的听觉中枢，加深了错误的印象。当孩子会说句子时，家长要注意纠正语序和引导正确用词。比如孩子说：“小猫吃老鼠多多。”家长要给他纠正：“小猫吃了好多老鼠。”

第三阶段：主要引导孩子完整、准确地表达自己的意思。

孩子到了2岁之后，基本上可以与大人对话了，但如何完整、准确地表达自己的意思是这个阶段的主要问题。家长可以引导孩子首先把要说的东西分成几段，一段一段地说。比如复述一个故事，先记住情节，再一段一段地详细表达。而且要认真地听孩子的每一句话，不断地鼓励他说下去。

实践活动五：婴幼儿家庭社会养育实训项目

请指导18个月的小艾家长，进行适合小艾的家庭社会养育游戏。

一、实验实训指导

（一）实验目的和要求

1.熟悉0～3岁婴幼儿各个阶段家庭社会养育的特点。

2.掌握进行情绪表达、照镜子、学礼仪、小助手、娃娃搬家、模仿家等活动的方法。

（二）注意事项

1.指导家长过程中逻辑清晰、条理分明、重点突出。

2.围绕婴幼儿具体年龄阶段指导。

3.指导语言恰当。

（三）实验实训操作流程

演示情绪表达、照镜子、学礼仪、小助手、娃娃搬家、模仿家的具体过程，在演示过程中要给家长讲解指导。

二、考核评分标准

0～10个月婴幼儿家庭社会养育

项目	项目总分	操作要求	得分
职业素养	10	耐心倾听家长阐述养育方面的问题，指导过程关爱婴幼儿，能细心观察到家长养育过程中出现的问题，并予以纠正	
指导过程	20	积极正确的自我意识是婴幼儿发展不可缺少的内在动力，对婴幼儿的智能发展和健全人格的形成具有重要作用。家长应引导婴幼儿正确认识自己，帮助婴幼儿形成初步的情绪调控能力。（5分） （1）情绪表达 情绪表达活动是由家长首先做表情，然后给婴儿看对应表情（如高兴、悲伤、生气等）的图片，最后说出情绪的名称。本项活动能发展婴儿认知各种表情、表达各种情绪的能力，增加婴儿有关情绪的词汇量，帮助婴幼儿形成初步的情绪调控能力。（5分） （2）照镜子 照镜子活动可以让婴儿了解身体各部位的名称，发展婴儿的自我认知能力。活动步骤如下： ①家长给婴儿穿上色彩鲜艳的衣服，将婴儿抱到镜子前，让婴儿自发地触摸、拍打镜中的家长和自己的形象。 ②家长对着镜子做表情，引导婴儿对着镜子模仿。家长可以唱儿歌助兴：“大镜子照一照，里面有个好宝宝。我哭他也哭，我笑他也笑。” ③家长摸一摸婴儿的头、鼻子、眼睛等，同时告诉婴儿各个部位的名称。 ④家长分别抬起婴儿的手和脚，让婴儿从镜子里看自己的手和脚。家长可以说：“小手、小手，拍拍；小脚、小脚，蹬蹬。” ⑤拓展 家长可以经常抱着婴儿照镜子，每次给婴儿穿上不同颜色的衣服。游戏过程中，家长经常和婴儿说话，可以有效帮助婴儿学习词语，不断地重复该游戏也有利于婴儿语言能力的发展（10分）	

10~18个月婴幼儿家庭社会养育

项目	项目总分	操作要求	得分
职业素养	10	耐心倾听家长阐述养育方面的问题，指导过程关爱婴幼儿，能细心观察到家长养育过程中出现的问题，并予以纠正	
指导过程	20	（1）学礼仪 学礼仪游戏主要是为了发展婴幼儿的理解模仿能力和社交礼仪能力。游戏步骤如下： ①第一位家长递给婴幼儿一个他喜欢的玩具，当婴幼儿伸手拿玩具时，第二位家长在一旁说“谢谢”，并点点头或做鞠躬动作。②第一位家长引导婴幼儿模仿第二位家长的动作，如果婴幼儿按照要求做了，要亲一下他的脸颊以示鼓励。③第二位家长做离开的动作，第一位家长一边说“再见”，一边挥动婴幼儿的手，教他做“再见”的动作。④家里来了客人，家长说“你好，欢迎”并教婴幼儿拍手表示欢迎。（5分） 学习一般交际规则、交往礼仪，让婴幼儿学会尊重长辈、有礼貌地与人交往，这是婴幼儿在社会化过程中需要学习的重要知识。家长平时要多为婴幼儿创设一些具体的语言情境，使婴儿在语言交往中理解词语的含义，并学习语言交际规则。在理解词义前，婴幼儿要先理解语调和表情。成人说话时的语调和表情在婴幼儿的语言和情感学习中起着非同寻常的作用。（5分） （2）小助手 小助手游戏可以让婴幼儿了解日常用品的用途，发展婴幼儿初步解决问题的能力。游戏步骤如下： 家长向婴幼儿求助：“宝宝，请帮我找一找梳头用的物品。”“宝宝，请你找一找哪个物品能刷牙。”“宝宝，妈妈要去上班了，但现在外面下雨了，你能帮妈妈想个好办法吗？”家长引导婴幼儿找到、指认对应的物品并说出物品的名称。（5分） 随着婴幼儿日常生活经验和知识的积累，家长可以逐步提高待解决问题的难度，如“宝宝，爷爷用什么物品浇花？”“宝宝，奶奶想听新闻和天气预报，怎么办？”“宝宝，爸爸用什么开房门？用什么开车门？”等（10分）	

18～36个月婴幼儿家庭社会养育

项目	项目总分	操作要求	得分
职业素养	10	耐心倾听家长阐述养育方面的问题，指导过程关爱婴幼儿，能细心观察到家长养育过程中出现的问题，并予以纠正	
指导过程	30	（1）娃娃搬家 创设情境，让幼儿分别担任需要别人帮助和帮助别人的角色，训练幼儿的行为。将娃娃家的“家具”“家电”设计成一个幼儿抬不动，必须两个或两个以上的幼儿才能搬得动。家长在搬家前引导幼儿讨论：把这些东西搬到新家，自己搬不动时，那怎么办？看到别的小朋友搬不动或在半路上看到别的小朋友正在吃力地搬运时，你该怎么办？通过引导，幼儿在与伙伴合作时，不但认识到自己应该帮助别人，同时掌握一些帮助别人的具体行为方式和方法，为其今后在实际生活中的社会行为实践打下良好的基础。（10分） 家长可以有意识提供数量有限的玩具、蜡笔、纸张、皮球等，让幼儿学习如何与别人分享、合作、共同活动。幼儿期是社会交往开始形成和发展的时期，要有意识地创造温馨和谐的社会活动情境，并充分提供幼儿与同伴自由交往的机会，使其在交往中学会“合作”“帮助”等优良品德，并通过同伴的行为和态度不断得到反馈，延续和发展积极社会行为，消除或改进某些不良社会行为。（5分） （2）模仿家 模仿家游戏可以发展婴幼儿的大动作、精细动作能力、因果推理能力及社交互动能力。游戏步骤如下：①家长把婴幼儿带进游戏室，让他坐在地板上。②家长在婴幼儿旁边坐下来，模仿他的姿势。③每次婴幼儿做出动作的时候，家长马上模仿他。④家长观察婴幼儿，看他什么时候能注意到家长在模仿他。⑤家长引导婴幼儿模仿家长的动作，比如家长拍手3次，鼓励婴幼儿模仿。（10分） 家长还可以再加上肢体动作，引导婴幼儿模仿家长，同时鼓励婴幼儿做动作，家长来模仿他，加强社交互动。在日常生活中，家长要注意自己的言行举止，以免婴儿无选择地全部模仿，还要充分意识到婴幼儿模仿学习的特点，为婴幼儿树立良好的模仿榜样（5分）	

实践活动六：婴幼儿家庭艺术养育实训项目

21个月朗朗的家长问：“怎样才能培养孩子的艺术细胞？”请指导家长进行适合朗朗的艺术养育游戏。

一、实验实训指导

（一）实验目的和要求

1.了解婴幼儿各个阶段艺术能力发展的整体特点。

2.熟悉婴幼儿家庭艺术养育的任务。

3.掌握婴幼儿家庭艺术养育的方法。

4.掌握常见艺术游戏的方法。

（二）注意事项

1.指导家长过程中逻辑清晰、条理分明、重点突出。

2.围绕婴幼儿具体年龄阶段指导。

3.指导语言恰当。

（三）实验实训操作流程

演示常见艺术游戏的具体过程，在演示过程中要给家长讲解指导。

二、考核评分标准

13～24个月婴幼儿家庭艺术养育

项目	项目总分	操作要求	得分
职业素养	10	耐心倾听家长阐述养育方面的问题，指导过程关爱婴幼儿，能细心观察到家长养育过程中出现的问题，并予以纠正	

续表

项目	项目总分	操作要求	得分
指导过程	40	（1）站在妈妈脚上跳舞。适宜月龄：13～15个月 准备轻柔的音乐及儿歌。家长播放音乐，对宝宝说："宝宝，我们来跳舞吧！"家长和宝宝面对面站好，宝宝的双脚分别踩在家长的脚背上。家长念儿歌，和宝宝一同玩游戏。 附：儿歌《站在妈妈脚上跳舞》 宝宝小脚真灵巧，跟着妈妈来舞蹈。1234向前走，2234向后退，3234转个圈，宝宝跳得真是好。（5分） （2）小手画大手。适宜月龄：16～18个月 准备水彩笔及白纸，家长将大手放在白纸上。宝宝用水彩笔沿着大手画轮廓，家长及时给予鼓励。（5分） （3）蔬菜盖盖画。适宜月龄：16～18个月 准备各种蔬菜、颜料、纸。家长出示各种蔬菜，引起宝宝兴趣。家长将蔬菜切开，宝宝观察蔬菜的横截面。家长示范：将蔬菜蘸颜料后在纸上印画，让宝宝观察印出的不同图案。家长带宝宝动手参与游戏。（5分） （4）香喷喷的芝麻饼。适宜月龄：19～21个月 准备白纸；水彩笔。情境引入："哎哟！我的肚子饿得咕咕叫啦！我们一起来做好吃的芝麻饼吃吧！"家长拿出白纸和彩色笔，在白纸上画一个大圆形，并对宝宝说"我来做饼，你来帮我洒点芝麻让大饼香喷喷吧！可别把芝麻洒在饼外咯！"家长引导宝宝用笔在饼干上点画"芝麻"。（10分） （5）彩纸游戏：折小船。适宜月龄：22～24个月 准备白纸、三角形彩色纸若干及胶棒。 教师示范折小船：①三角形的长边向上，将下方的一个角向上折叠，将折叠处用手压平；②把折好的彩色小船涂上胶水后粘贴在白纸上。家长带宝宝参与游戏，并鼓励宝宝自己动手折纸（15分）	

25～36个月婴幼儿家庭艺术养育

项目	项目总分	操作要求	得分
职业素养	10	耐心倾听家长阐述养育方面的问题，指导过程关爱婴幼儿，能细心观察到家长养育过程中出现的问题，并予以纠正。	
指导过程	30	（1）桃花开了。适宜月龄：25～27个月 准备桃花树半成品、粉红色皱纹纸及胶水。情境引入："春天来了，桃花开了！我们一起来贴桃花吧！"教师出示画有桃花树的半成品，示范操作；将皱纹纸揉捏成小团，涂上胶水，贴到树枝上。邀请宝宝自己动手参与贴画，教师逐个指导。（5分） （2）添加五官。适宜月龄：28～30个月 准备白纸、彩笔（每人一份）。家长拿出画有娃娃脸的白纸，让宝宝观察画纸，看看娃娃脸上少了什么？让宝宝用手指出来，并说出少了什么五官。家长引导宝宝用彩笔添上缺少的部分。（5分） （3）好吃的饼干。适宜月龄：31～33个月 准备橡皮泥、橡皮泥模具；各种扣子或珠子；桌垫。 情境引入："宝宝，今天我们用橡皮泥来做好吃的饼干吧！" 教师示范：①将橡皮泥放在手心搓成一个圆；②将搓好的橡皮泥放在桌上用手掌压扁；③把各种形状的珠子按上去；④压上瓶盖，并去掉瓶盖边多余的橡皮泥。 家长引导宝宝自己动手制作好吃的饼干，教师从旁指导。 饼干完成后请宝宝互相分享。（10分） （4）泥娃娃。适宜月龄：34～36个月 准备橡皮泥及彩色垫板。家长拿出橡皮泥，说："宝宝我们今天来做个泥娃娃吧！"家长带宝宝搓橡皮泥。步骤分解：用肤色搓成圆形，压扁做脑袋；用黑色搓成长条做头发；黑色搓三个小圆做眼睛和鼻子；红色搓条做嘴巴；彩色搓椭圆做身体（10分）	

参考文献

[1] 国家体育总局. 国民体质测定标准手册（幼儿部分）[M]. 北京：人民体育出版社，2003.

[2] 罗恰特. 婴儿世界 [M]. 郭力平，译. 上海：华东师范大学出版社，2005.

[3] 任志勇，滑红霞，姚敏. 0～3岁亲子教育基础理论与实践 [M]. 太原：山西人民出版社，2007.

[4] 尹坚勤，张元.0～3岁婴幼儿教养手册 [M]. 南京：南京师范大学出版社，2008.

[5] 卡尔. 儿童与儿童发展（上、下）[M]. 周少贤，译. 北京：教育科学出版社，2009.

[6] 北京市教育委员会. 0～3岁儿童早期教育指南 [M]. 北京：北京师范大学出版社，2010.

[7] 蒙台梭利. 蒙台梭利幼儿教育科学方法 [M]. 任代文，译. 北京：人民教育出版社，2001.

[8] 张永红，赖莎莉. 0～3岁婴幼儿的保育与教育 [M]. 武汉：武汉大学出版社，2015.

[9] 特蕾西霍格. 梅琳达布劳实用程序育儿法 [M].张雪兰，译. 北京：北京联合出版社，2015.

[10] 冈萨雷斯・米纳，文德尔・埃尔. 婴幼儿及其照料者：尊重及回应式的保育和教育课程 [M]. 张萌，译. 8版. 北京：商务印书馆，2016.

[11] 康松玲，许晨宇. 0～3岁婴幼儿抚育与教育[M]. 北京：北京师范大学出版社，2016.

[12] 邱学青. 学前儿童游戏 [M]. 南京：江苏教育出版社，2008.

[13] 张文新. 儿童社会性发展 [M]. 北京：北京师范大学出版社，1999.

[14] 安娜・普金恩. 宝宝的第一本游戏书：适合0～1岁宝宝的德式PEKiP婴儿早教游戏 [M]. 王瑜蔚，译. 北京：北京联合出版公司，2016.

[15] 温迪・玛斯，科恩・莱德曼. 美国金宝贝早教婴幼儿游戏（0～3岁）[M]. 栾晓森，译. 北京：北京科学技术出版社，2015.